手作香氛蜡烛

接以辰 著

中国轻工业出版社

I

FOREWORD

推荐序一

❖

　　烛火，是温度、是祝福、是希望，是点燃黑夜的光芒；点亮心之所向。烛火也常用于庆典，燃烧的是心愿或思念；延长的是记忆或意念。

　　制烛师的浪漫，是对光和香气感性的诠释、专注细心的衡量，也像私密的小魔法，瞬间能改变周围环境的能量。

　　2011年我创作了一首歌曲《烛光》，收录于歌手李溪芮的专辑中。

　　"黑暗中隐约透露着光线，

　　点燃那迷人的午夜。

　　空气中弥漫着你的香味，

　　月光晒暖了我的棉被。

　　我自问自答，你还不说话，

　　原来你嘴巴早就融化。

　　晚餐的烛光快熄灭啦，

　　你用力燃烧生命的火花！"

　　写下我对烛光的着迷和向往，就像樱花、像雪花，都是一瞬之光，却也是深刻的陪伴。

　　谢谢以辰的分享，用她独有的方式和眼光，带领着我们进入充满光亮和香氛的世界，如此迷人耀眼！

创作歌手、音乐制作人

许哲佩

FOREWORD

推荐序二

•

如果没有接接老师的邀请，我大概没想过自己会动手做蜡烛。

媒体工作每天都得接触新的资讯，一周平均访问三四位各行各业的来宾，思绪永远在脑袋里转来转去，累到停不下来。学习如何呼吸、如何放松是必要功课之一，但越是想靠脑袋下指令要呼吸专注、肌肉放松，越是会让注意力回到脑袋，这一切就在开始动手做蜡烛的那一瞬间发生了改变。

那两个整天的课程中，我并没有太多时间看手机，也没时间去烦恼明天有没有新的主题，专注的只是当下的温度、手搅拌的速度、蜡融化的程度，还有各种颜色相互融合的美丽旋涡，这时候的脑袋是放空的，一切都回归到身体的感受，手中蜡烛的温度和香味提醒着我，专注是一件多么美好且幸福的事，直到被蜡油滴到的那个微烫的瞬间，才惊觉我做蜡烛已经九个小时了。

我喜欢在睡前点一盏烛火，看着烛光的摇曳，听着竹片烛芯燃烧的声响，心情自然就安定了，接接老师这本书不只教你制作蜡烛的方式，也让蜡烛的光和热相连，并安抚了我们的身体和心灵。

让你的感官打开，专注于当下，好好做个蜡烛，除了可以做出一个美丽的作品外，还可以体会如何好好吃饭、好好走路、好好呼吸。如果可以这样，那生活中也就没有什么难关是无法突破的吧。

广播金钟主持人

朱家绮

FOREWORD

推荐序三

·

　　接接老师是我催眠治疗师班的同学，犹记得当年在班上，她总是能第一时间清晰地理出一件事情的架构与方向，思路清晰、逻辑分明。我参与过她的课程，她擅长将烦琐的制作步骤化为一次次的静心与自我对话，深化每一次的动作，让我们的"手"去"做"；也让我们的心"守"并"坐"。

　　自我照顾与身心调节是现在很核心的修复能力，而手作在结合这两者之余还能有一个成品的完美结合。从蜡烛形式类比到生活风格，从模具选择类比到界线设定，从调色融合类比到情绪的整合，最后，静静地等待自己的专注与用心在冷却中凝结、显化成真到这个世界。

　　手作的蜡烛可以是一个持续的祈愿，在温热中氤氲，令你的愿望直达天听。手作蜡烛也可以是一个储思盆，储存一个你想妥放的回忆或情绪，每当你意念之时，再通过火光回到你所记录的当下，重新回味重要时刻。手作蜡烛还可以是一份爱的寄托，将祝福置于以蜡构成的礼物盒中，稳固地交予你所爱之人。手作蜡烛更可以是一个自我宣告，用最温柔的方式呐喊你自己是谁。

　　说到这，你想动手了吗？亲手创造是我们独有的天赋，也是人们累积了千年的传承。原来，我们正在做一件伟大的事！一起跟着接接老师，亲手创造你的温度吧！

台湾应用音乐推广协会理事、音乐治疗师

PREFACE

作者序

在踏入手工蜡烛领域前，我在制造业和科技业工作了将近20年，从没想过有一天自己会离开熟悉的环境，到一个完全不相关的领域成为一位制烛师。

从得知有KCCA韩式蜡烛证书课的存在，到决定上课、完成课程，这个过程发生在短短的两个星期内。若是以我一般的习惯，开动脑筋去分析思考的话，这件事很可能就不会发生了。偏偏那一阵子，我给自己的功课，就是练习听从内心的声音、相信自己的直觉。于是，我就这样开启了进入蜡烛世界的那一扇门。

我之所以那么快做决定，是因为当时我在身心灵疗愈的领域已经一段时间了。在知道有蜡烛证书班后，心中一直有一个很坚定的念头，就是制作蜡烛这件事，一定能成为日后辅助我在身心灵领域引导个案时，很重要的工具之一。

之后回想起在那短短一个月内发生的事情，还是会觉得上天的安排很奇妙，一连串与蜡烛有关的人、事、物接连地出现在我身边，而在此之前，蜡烛从来都不是我人生中的关键字，甚至从来没出现过。

因为个性，加上长期处在高压的科技领域工作的缘故，我是一个脑中随时有各种资讯和想法、从来不曾放空的人。可想而知，我做任何事动作都非常迅速，而且要求精准，所以即便是放假没事在家，我也会因为思考问题，而总是感到筋疲力尽。

手作蜡烛对我来说是一份很大的礼物。

从一开始的手忙脚乱，直到有一天我突然发现，在准备制作蜡烛的那一刻开始，我的各种念头就能够戛然而止，如同尘埃，落下，然后停止。我脑中就只有当下和制作蜡烛的每个步骤和流程。这对一个脑袋里总是有事在转的人来说，只专注于一件事是非常不容易的。

制作蜡烛时，对温度的掌控非常重要。当蜡开始熔解，何时将锅拿下炉子、何时加色素和香精……每个动作都要环环相扣。搅拌、调香、调色、将蜡倒入模具内……最终蜡烛会如实地呈现我们当下是带着什么情感去制作它们的。

制作蜡烛，是一段与自己对话的过程，也是一段自我觉察和调频的旅程。

我看到我的急于掌控、习惯当"八爪鱼"，总是一次同时做好几件事。于是我打翻了整罐液体色素，清理到天昏地暗。从此，我慢慢学会放松，一次只做一件事。要调色，就专注地调色，完成时放下其他工具，恭敬地用双手拧上盖子，将它放回原位，再做其他的事。

我看到我对完美的要求：要完美无瑕才能称得上是作品，否则就像日记写错一个字一样，想要整篇撕掉重写。但是，我渐渐明白，失败的作品才能成就我成为一位不错的老师。无法告诉学生失败的原因或提醒可能会做出失败的步骤，便无法做到真正的教学。

允许自己慢慢做、接受缺陷，都是一种解放。

蜡烛教我活在当下、学着更有耐心与宽容。

感谢三友图书的总编辑美娜，谢谢你的信任，让我有机会去做不一样的尝试，与你相遇也是宇宙美妙的安排之一。也感谢我妈妈让我可以安心地在这段时间里没有后顾之忧地闭关写书，还有帮我写序的家绮，没有你的鼓励，就不会有这本书。最后要谢谢这段时间在实质、精神上给我鼓励和协助的老师、姐妹和朋友们。你们的一句话、一个帮助，对我来说都意义非凡。最后要感谢大地妈妈，在我疲累紧绷的时候，让好山好水陪伴我，给我力量。

我要将这本书献给读者们。希望它不只是一本工具书，而是能够让你和我一样，在手作中找到乐趣、认识自己。

祝福大家、祝福我们居住的这片土地。

Jey Jey Studio工作室创办人

接以辰

与蜡烛相遇后，决定离开自己熟悉的科技领域，进入手作蜡烛的世界。在台湾创立了Jey Jey Studio工作室，并往返于美国与中国台湾教授手作蜡烛。

接接

接以辰

学历／台湾交通大学管理科学系硕士、台湾辅仁大学英国语文学系学士
专业证照与训练／
韩国CLAB烘焙蜡烛合格讲师、韩国Hastable Garnish Dessert合格讲师、韩国KCCA香氛蜡烛合格讲师、美国催眠师学会NGH认证催眠治疗师、日本直传灵气疗愈、萨满水晶脉轮平衡疗愈

CONTENTS 目录

CHAPTER 1

蜡烛的基本

CHAPTER 2
蜡烛的实作

CHAPTER

1

BASIC
of
CANDLES

蜡烛的基本

什么是香氛精油蜡烛?

"气味是最亲密的感官，它就像我们的指纹一样有着独特的性格，因为它完全取决于个人的生活体悟。"——英国香水历史学家罗嘉·德芬（Roja Dove）

手作香氛蜡烛的精油大致可分为"化合香精油"以及"天然植物精油"两种。

化合香精油是由人造化合物调成，优点是能够调配出各种不同且有层次的气味。化合香精油耐高温，适合用来制作蜡烛。而天然植物精油则是由植物萃取而成，天然且有疗愈效果。天然植物精油不耐高温，在制作蜡烛上有样式的局限。

在手作蜡烛的世界中，能够提供气味的物质其实并不局限于香氛精油，我更喜爱素材本身没有经过太多加工的气味，例如：香草、茶叶、蜡材，甚至是油脂，如：椰子油。

气味能展现一个人的风格及其生活品位，同时能够营造出我们想要的情境并影响心情。

蜡烛种类介绍

容器蜡烛
Container Candle

◆ 需使用容器专用的（软）蜡。

◆ 将化开的蜡液倒入各种材质的容器中，待蜡液冷却凝固后，制作而成的蜡烛。

◆ 燃烧容器蜡烛时，蜡油不会滴到外面，使用起来较为安全。

祈愿蜡烛
Votive Candle

◆ 属于柱状蜡烛的一种，高度约5厘米，一般使用于教堂，Votive意指"奉献给神明"。

◆ 燃烧祈愿蜡烛时，底部需使用容器盛接流下来的烛泪。

柱状蜡烛
Pillar Candle

◆ 需使用柱状蜡烛专用的蜡，一般容器蜡过软，会导致无法脱模。

◆ 将化开的蜡液倒入各种材质的容器中，待蜡液冷却凝固后，脱模而成的蜡烛。柱状蜡烛的模具形状有很多种选择，如：圆柱形、方柱形、圆球形、六角形、贝壳造型等。

◆ 燃烧柱状蜡烛时，底部需使用容器盛接流下来的烛泪。

锥状蜡烛
Taper Candle

◆ 属于细长形的柱状蜡烛，市面上出售的高度皆高于20厘米，可通过手工或使用模具来制作锥状蜡烛。

◆ 燃烧锥状蜡烛时，底部需使用容器盛接流下来的烛泪。也可搭配烛台使用。

漂浮蜡烛
Floating Candle

◆ 无须使用容器的脱模蜡烛。

◆ 能够浮在水面上，若放在器皿中可作为各种装饰。

小茶烛
Tea Light Candle

◆ 市面上有各种形状的茶烛容器可以选择，一般制作时会使用铝盒或者塑胶材质的小容器。

◆ 通常会放在造型烛台内，或是使用于茶壶底座保温。

◆ 可燃烧三四个小时。

工具、材料及保存方法

蜡材

　　最早期的蜡烛是用动物的脂肪所制成，属于又软又油的状态，之后慢慢进化，通过加入石灰，演变成硬脂蜡烛。在19世纪以前，蜡烛的主要成分是动物脂肪或从蜂巢所采集下来的蜂蜡。随着工业发展，石蜡被制造出来，进而取代了价格较高的天然蜡材。直到近几年来，有研究指出从石油提炼出的石蜡可能含有危害人体的物质，因此大豆蜡或蜂蜡等天然蜡又开始受到欢迎。

　　以下将介绍市面上较常用的蜡材及特性。

天然蜡

大豆蜡
Soy Wax

* 由100%天然大豆蜡和大豆蜡油制成。

* 大豆蜡分为容器蜡烛用及柱状蜡烛用。大豆蜡能与容器完美地贴合；柱状蜡烛使用大豆蜡则有良好的体积收缩率，让成品更容易脱模。

* 最具代表性的特色是熔点低，低熔点的特性使其在蜡烛的制作过程中，能避免凝固后收缩严重及精油蒸发，而且燃烧时几乎不会产生黑烟。

* 相较其他蜡材，大豆蜡最适合添加香氛精油。单独使用大豆蜡，香味已经足够，若与蜜蜡混合使用，则能加强香气的挥发效果。

* 比石蜡燃烧时间长30%～50%。

* 避免光线照射的保存状况下，有效期为三年。

* 目前市面上所销售的大多是由美国所开发出来的蜡。

大豆蜡（容器蜡烛用）

大豆蜡（柱状蜡烛用）

◆ 市面上常用的蜡材：

大豆蜡品牌	Nature	Golden	Ecosoya			
产品名称	C-3	GW-464	CB-adv	CB-135	CB-Xcel	PB
用途	容器用	容器用	容器用	容器用	容器用	柱状、模具
熔点	51.1 ~ 54.4℃	46.1 ~ 48.3℃	43.9℃	50℃	53.3℃	54.4℃
燃点	315℃以上	315℃以上	233℃以上	233℃以上	233℃以上	233℃以上
香料添加比例	不可超过 12%					
香氛成分适合添加比例	化合香精油：5% ~ 7% 天然植物精油：7% ~ 10%					
适合加入香氛成分的温度	64℃	78℃	63℃	63℃	65℃	78℃
适合倒入容器中的温度	54℃	70℃	53℃	53℃	55℃	第一次：68℃ 第二次：63℃
外观	光滑 不透明	光滑 不透明	光滑 乳白色	光滑 乳白色	光滑 乳白色	光滑 乳白色
特性	表面光滑	① 香氛挥发度高 ② 制作难度较高	凝固时起白膜的现象较稳定	使用在SPA蜡烛上	① 香氛挥发度高 ② 凝固时起白膜的现象较稳定	柱状、模具使用
与容器贴合度	高	优良	高	高	非常优良	—

注：Ecosoya已在2019年宣布结束营业，网络上目前（截至2020年4月）还是能够买到这个品牌的产品，截至目前，市面上暂时没有能够完全取代PB的蜡，折中方法就是使用容器蜡混蜜蜡，或是购买混合蜡来取代，如：植物蜡＋石蜡。

蜂蜡（蜜蜡）
Bees Wax

- 由蜜蜂制造蜂窝时分泌的固体物质制作而成，分为黄色（未精制）、白色（精制）以及片状三种。

- 制作柱状蜡烛时，可依据环境气候需求，在大豆蜡中加入蜂蜡以增加硬度及光泽度。

- 因为黏稠性高，建议使用以大豆蜡包覆的烛芯，并选用大于2号的烛芯尺寸。

- 蜂蜡熔点为62~67℃。

- 适合倒入容器中的温度为70~73℃，若倒入时温度过高，成品容易破碎或表面产生气泡。

- 凝固后体积收缩明显，制作蜡烛时可能需倒入二次蜡。

- 蜂蜡会带有淡淡的蜂胶或蜂蜜香味，无须加香氛精油也能散发出蜂蜡本身独特的气味。

- 燃烧时间长，几乎没有黑烟，与其他蜡材比较起来，产生的烛泪相对较少。

- 含有蜂胶成分，使质地坚硬且有黏性之外，也含有蜡黄酮，具有抗氧化性及抗菌消炎的特性。

- 成分中有棕榈酸酯、蜡酸、胡萝卜素、维生素A、蜂胶等，而有资料显示，蜂蜡能抑制细菌，并释放对呼吸道有益的天然抗生素。

- 消光系数高（抗UV光），可以作为防晒化妆品的配方用料。

蜂蜡（蜜蜡）　　　　未精制蜂蜡　　　　精制的黄蜂蜡　　　　蜂蜡片

棕榈蜡
Palm Wax

- 从棕榈树果实中提炼而成的蜡。

- 分为容器蜡烛用与柱状蜡烛用两种蜡。

- 熔点约为65℃。

- 适合倒入模具或容器的温度为85~100℃。

- 以不同的温度倒入模具或容器时，凝固后会产生不同的结晶，如：雪花结晶、羽毛结晶等。

- 使用铝制模具，产生的结晶会更大。

- 若不想有结晶，倒入模具或容器的温度为60~62℃。

雪羽棕榈蜡

花蜡
Flower Wax

* 属于提炼精油时产生的油蜡，再经过分馏及纯化而成。

* 提炼1千克花蜡需要至少5万个花苞，制作过程需要耗费极多花材，所以花蜡的价格偏高。

* 优点是不易挥发，而且味道持久。

* 与精油的味道及疗效相同，一般用于手工皂、唇膏、乳霜、乳液或天然体香膏中。

* 本身就能散发花香，无须额外添加香精油。

茉莉花蜡

石油类蜡

石蜡
Paraffin Wax

* 石蜡是人工蜡的一种，又称为白蜡。半透明，质地较硬，是提炼石油过程中所产生的副产物，可制作出多样化的蜡烛。

* 相较其他蜡材，石蜡较透明。可粗分为125、140、155和160四种，根据熔点不同，制作蜡烛时在使用上也不同。

名称	低温 125	一般 140	高温 155	高温 160
熔点	约 52℃	约 60.5℃	约 69℃	约 71℃
用途	容器、盘子	大部分蜡烛	柱状蜡烛、烛台	柱状蜡烛、装饰用的点缀蜡等
特点	适用于容器内的低温石蜡	日本石蜡141标准蜡（全精炼石蜡）	日本石蜡155（全精炼石蜡）比标准蜡更硬，属于高熔点石蜡	呈现颗粒状，已混合其他添加物，可降低石蜡的收缩现象
适合加入香精油的温度	100℃以下	80 ~ 90℃	100℃以下	100℃以下
适合倒入容器中的温度	65 ~ 70℃	80 ~ 85℃	80 ~ 100℃	80 ~ 85℃

* 石蜡会因为加热造成分子膨胀，当温度下降，分子也会变为原本的模样，因此蜡烛冷却后中央会形成收缩凹陷的现象，倒入时温度越高，收缩现象就越严重，通常需倒入二次蜡。

* 石蜡当中成分精纯的日本精蜡是属于食品级的，目前有研究报告指出这类蜡对身体无危害。

* 石蜡来源大多为美国或日本。

石蜡 140　　　　　石蜡 155　　　　　石蜡 160

果冻蜡
Jelly Wax

- 同样也是经由石油所提炼出来的产品，果冻蜡的作品一般只作为观赏用，不建议点燃。

- 为了保持蜡的透明度，不可使用木质物品搅拌或使用纸杯，可用不锈钢或玻璃材质的器皿和搅拌器。

- 果冻蜡有特殊香料，不可使用一般香精，否则会有不透明的状况产生。

- 果冻蜡会产生大量气泡，若要制作无气泡作品，熔蜡时应避免搅拌，保持低角度倒入蜡。

果冻软蜡

硬度	MP（普通）	HP（硬质）	SHP（超硬）
用途	容器用	容器或小型脱模作品	脱模作品
熔点	约90℃	约100℃	约100℃
适合倒入容器中的温度	约100℃	约100℃	约100℃

果冻硬蜡

添加物
Additive

微晶蜡 Microcrystalline Wax

硬度较高，具有伸缩性和高黏性，可使蜡烛不易碎裂，也可黏合蜡及装饰品，熔点约83℃。

石蜡添加剂 Multi-Supplement for Paraffin Wax

防止收缩、增加硬度、使蜡烛颜色变得明亮，熔点约60℃。

硬脂酸 Stearic Acid

植物油脂或动物油脂都能提炼出硬脂酸。在蜡烛制作上，一般会使用棕榈油所提炼出来的硬脂酸。它能让蜡烛颜色变得较白。与软蜡混合，可增加蜡烛的硬度，制作成柱状蜡烛，熔点约72℃。

乳木果油 Shea Butter

植物性油脂，由乳油木的坚果所榨取而成。广泛使用于化妆品当中，作为润肤膏、药膏或洗剂等的制作材料。乳木果油与水分有良好的结合性，用于皮肤护理上，能被迅速吸收，达到维护肌肤的效果。

烛芯

烛芯是决定蜡烛燃烧品质的主要因素之一，烛芯尺寸以及材质会影响蜡烛燃烧的品质。较常见的材质有天然纤维、棉质、木片、竹片等。

不同的蜡，需要搭配正确材质的烛芯，才能够让蜡烛燃烧完全，如：有黏性的蜂蜡或硬度较强的棕榈蜡，就需要使用1号或2号尺寸的烛芯。

根据蜡烛或容器直径选择合适的烛芯也很重要，过细的烛芯只会熔化火苗周围的蜡，而留下外围蜡无法熔化，又称为隧道现象；而过粗的烛芯则会迅速消耗蜡烛。

在制作蜡烛时测量蜡烛的直径长度，并使用符合此规格的烛芯，制作时即可呈现完美的蜡烛。

以下是几种较常用和常见的烛芯与尺寸对照。

纯棉棉芯
Cotton Cored Wick

* 100%天然纤维的材质，几乎适合所有的蜡烛使用，分为不上蜡（纯棉棉芯），及上蜡（无烟烛芯）两种。相较于不上蜡棉芯，上过蜡的烛芯较少有黑烟产生。
* 部分韩国卖家会以烛芯号码来区分尺寸。
* 许多商家都不标明股数或适用的蜡烛尺寸，购买时要记得与卖家确认适用的尺寸。
* 市售的过蜡烛芯大部分是以石蜡包覆，若要制作100%纯植物蜡烛，购买时要确认清楚。

纯绵绵芯

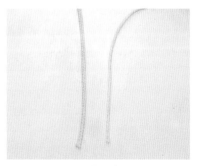

不同尺寸

烛芯号码	蜡烛直径	股数	建议蜡烛底座（直径 × 高）
1号	3 ~ 4 厘米	16 股	10 毫米 ×6 毫米、14 毫米 ×4 毫米
2号	4 ~ 5 厘米	26 股	12 毫米 ×7 毫米
3号	5 ~ 7 厘米	36 股	12 毫米 ×7 毫米
4号	7 ~ 8 厘米	46 股	12 毫米 ×7 毫米、20 毫米 ×6 毫米
5号	8 ~ 10 厘米	60 股	12 毫米 ×7 毫米、20 毫米 ×6 毫米（大口径）

环保蜡烛芯
Eco Series Wick

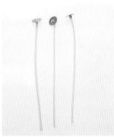

- 成分为纯棉以及纸纤，环保烛芯燃烧时的稳定性高，火花比较稳定，也不会产生黑烟。特色是能够自动调整长度。一般棉芯需事先修剪烛芯至0.5 ~ 1厘米，但环保烛芯不用，它的纤维在燃烧时会自动调节成合适的长度。
- 部分韩国卖家会以烛芯号码来区分尺寸。
- 市售的环保烛芯大部分是以蜂蜡包覆。

环保蜡烛芯   不同尺寸

烛芯号码	蜡烛直径	建议蜡烛底座（直径 × 高）	建议容器
2号	3 ~ 4 厘米	10 毫米 ×6 毫米	茶烛
4号	5 厘米	12 毫米 ×7 毫米	祈愿蜡烛、烧酒杯
6号	6 厘米	12 毫米 ×7 毫米	玻璃水杯
8号	7 厘米	12 毫米 ×7 毫米	玻璃水杯
10号	8 厘米	12 毫米 ×7 毫米、20 毫米 ×6 毫米（大口径）	大容器
12号	9 厘米	12 毫米 ×7 毫米、20 毫米 ×6 毫米（大口径）	大容器

木质烛芯
Wooden Wick

木质烛芯

- 木质烛芯又称木芯，由两片薄木片黏合而成，特色是燃烧时会有"啪啪"的声音，优点是能使香味更快地扩散，以下是在制作蜡烛时需特别注意的部分：

  1. 木芯容易让烛芯周围的蜡变色，在倒入蜡时将蜡液直接淋在木芯上做过蜡动作，可降低染色的状况产生。
  2. 被作为烛芯使用于黏度较高的蜡时，火苗会变小，甚至熄灭。
  3. 100％的大豆蜡属于黏度较高的蜡，燃烧时几乎听不见烧木柴的声音，建议在制作以木芯为烛芯的蜡烛时，可使用石蜡或混合石蜡，作品呈现会较理想。
  4. 使用时，长度修剪到高于蜡烛表面0.5～1厘米的长度。
  5. 熄灭后，用烛芯剪将点燃的部分修剪掉，避免灰烬掉入蜡中污染容器中的蜡。

- 部分韩国卖家会以烛芯号码来区分尺寸。

- 单片木芯太薄，无法将蜡烛熔化，若买到单片木芯可以将两片合起来后，浸到熔化的柱状大豆蜡液或蜂蜡中黏合，待晾干后便可正常使用。

烛芯号码	木芯宽度	蜡烛、容器直径
S（Small）	0.7厘米	3～4厘米
M（Medium）	1.0厘米	5～6厘米
L（Large）	1.3厘米	7～8厘米
XL（X-Large）	1.6厘米	9～10厘米
XXL	1.9厘米	10厘米以上

烛芯底座与烛芯贴

- 底座用途是让烛芯直立在容器的中央。一般纯棉棉芯使用的是圆形底座，中央有圆柱口，根据不同尺寸的烛芯，需搭配对应尺寸的底座来使用，而木芯用的底座是夹式的。

- 烛芯贴的用途是将烛芯粘贴并固定在容器中央。

色素

手工蜡烛染色主要分为：固体及液体两种形态的色素。由于两种都属于高浓度色素，在了解其特性前，每次使用时先取少量，再慢慢添加色素，直到颜色表现出期望的深浅为止。

固体色素

- 只需添加少量就会非常显色，如同蜡笔的质感，可以直接用刀片或剪刀刮取使用。
- 相较于液体色素，比较容易控色，颜色表现质感、饱和度较高。
- 需搅拌均匀让色素完全化开，否则会有色素颗粒呈现在作品表面。
- 避免一次加太多，否则在色素完全化开前难以分辨颜色。
- 红色系列的蜡温度需高一点，才能够完美化开。
- 有香精油的作品，要先使用固体色素调色后，再加入香精油。
- 适合加入蜡内的最低温度：68℃。

液体色素

- 只需添加少量就会非常显色，甚至比固体更容易上色。
- 使用前先摇一下，再用牙签或尖头工具蘸取，慢慢调色。
- 制作发丝、雾状时，表现效果佳。
- 容易褪色及染色，沾染到工具或模具都不易去除，尤其是硅胶模具。
- 适合加入蜡内的最低温度：50℃。

二氧化钛

- 可作为白色固体色素的替代品。
- 价格较为便宜。

试色技巧 色素与蜡液混合后所呈现的颜色看起来会比较深，可准备一个白色瓷盘、亚克力片或白纸，将调好色的蜡液滴在上面，待蜡液凝固后才是最接近成品的颜色。

香氛精油

蜡烛的香氛材料分为两大类，化合香精油（fragrance oil）以及天然植物精油（essential oil）。

制作香氛蜡烛的重点是掌控好温度以及充分地混合均匀。

化合香精油

香氛精油

- 非采自于植物，是混合两种以上人造物质的合成化合物。
- 可以使用在温度较高的液体蜡中。
- 使用蜡烛专用的化合香精油，可以带来天然植物精油不具有的香味。
- 使用添加化合香精油的蜡烛时，建议让室内保持空气流通。
- 价格较低。
- 最佳使用期限：三年。

制作重点：

- 搅拌均匀：化合香精油含有油，若没有与熔化的蜡液充分混合，会造成凝固后的蜡烛表面不平滑，甚至可能会有凹凸不平的情况产生。
- 建议使用量：蜡量的5%～10%，使用过量会有黑烟，甚至会产生火花，味道也会刺鼻。
- 注意：建议选择经过检验合格（化妆品级）的化合香精油。较具规模的品牌能提供相关检验报告，购买前可请卖家提供。

天然植物精油

- 主要是由植物的根、茎、叶、花、果实、树皮、种子和树干等萃取出来的天然物质。
- 价格较高。
- 最佳的使用期限：六个月。

制作重点：

- 搅拌均匀：含有油的制作配方，需与熔化的蜡液充分混合，若没有充分混合会造成蜡烛表面不平滑，可能会有凹凸不平的情况产生。
- 熔点较高的蜡材，如：大豆蜡（柱状蜡烛用）、棕榈蜡、蜂蜡等，香气会提早挥发，所以制作蜡烛时，不建议搭配天然植物精油使用。
- 可以选择能在低温时倒入容器的大豆蜡做搭配（如：Nature C-3），在液体蜡约55℃时加入天然植物精油，可避免香气挥发过快。
- 建议使用量：蜡量的5%～10%，使用过量会有黑烟，甚至会产生火花，味道也会刺鼻。

复方天然植物精油

◆ 将单方精油依比例调配混合而成。

◆ 复方精油经调配后具有全新的化学结构与成分，并具有特定的功能性。

◆ 当各种单方精油相互结合后可能会出现协同作用或抵消作用，对精油特性不熟悉的人，建议使用单方精油或直接选购调好的复方精油。

◆ 复方精油的最佳使用期限：未开封两年；开封后六个月。

复方按摩精油

制作重点：

◇ 搅拌均匀：复方精油含有油，若没有与熔化的蜡液充分混合，会造成凝固后的蜡烛表面不平滑，严重的甚至会有凹凸不平的情况产生。

◇ 建议使用量：蜡量的3%～5%。

◇ 注意：建议选择经过检验合格（化妆品级）的精油。较具规模的品牌能提供相关检验报告，购买前可请卖家提供。

精油按摩蜡烛基底油

黄金荷荷巴油 Jojoba Oil

◆ 从荷荷巴种子中萃取出初榨油（Virgin Oil），保留荷荷巴油的原始物质。

◆ 荷荷芭油不是真正的油，而是液态的蜡，所以低温时会凝固。

◆ 不会腐臭，其特性能使产品不易变质。

◆ 与皮肤的相容性高，能被肌肤迅速吸收，软化角质，并在表层形成保护膜，深度滋养肌肤。特别适合脸部皮肤与头发的保养。

有机荷荷巴油、甜杏仁油

甜杏仁油 Sweet Almond Oil

◆ 由杏树的果实压榨而成。

◆ 属于中性的基础油，且不油腻，能和任何植物油做调和。

◆ 甜杏仁油易吸收，含丰富的维生素，亲肤性佳，具有滋养与保湿的功效，能使精油深层渗透。

◆ 敏感肌及婴儿肌肤都可使用。

装饰小物

蜡烛的包装材料

平时可将收到的礼物或购买商品时精美的包装材料保留下来，例如：好看的丝带、材质设计特别的礼盒等。在开始接触蜡烛后，这些手边现有的材料就能派上用场，在制作蜡烛的过程中，如何让原本要被丢弃的物品拥有新的生命，意外地成为了另一种乐趣。

蜡烛的周边

灭烛罩

将灭烛罩盖住烛火即可熄灭蜡烛，可避免用嘴吹熄所产生的烟雾及不好的气味。

灭烛钩

可调整烛芯的位置、挑起扶正烛芯，或将燃烧的烛芯压入蜡液中浸灭，可避免黑烟的产生。

蜡烛盖

不使用蜡烛时，直接将蜡烛盖盖上，以隔离助燃的氧气，也可避免黑烟的产生。

烛芯剪

修剪烛芯的工具，具有特殊的弧度，能更容易地将容器中的烛芯剪短。

点火器

细长形的设计，可以深入瓶口较窄的蜡烛帮助点燃。

香氛灯

当无法长时间顾着火烛，又希望空间充满香味时，可以使用香氛灯，是另一种增添气氛的选择。还有用干燥花等装饰的香氛蜡烛，也不容易因为烛火而燃烧。若使用容器蜡烛，蜡烛的使用寿命会比一般蜡烛还要长二三倍。

装饰蜡烛的饰品

金箔	金色叶形装饰	果干	肉桂棒
永生花	干花	珍珠装饰	水转印贴纸

容器贴纸

工具与器材

塑胶（PC）模具	硅胶模具	铝制模具

使用于蜡烛塑形，容易脱模且表面光滑透明，耐热度在120～130℃，若温度过高会熔化或变形。当模具表面受损或呈现雾化时，应进行更换，避免影响成品表面。

使用于蜡烛塑形，造型多样，耐热度在-60～200℃。不建议与较浓的色素一起使用，否则模具容易染色且不易清除。

使用于蜡烛塑形。以棕榈蜡制作时，可做出更大片结晶纹路。铝制模具会导热，建议使用手套来移动模具，避免烫伤。

玻璃容器

盛装蜡材的容器。

马口铁罐

盛装蜡材的容器。

金属饼干切模

可将蜡烛切割成各种图案。

温度枪

本书使用电子温度枪，能够快速且精准地测量温度。

电子秤

测量蜡和香氛精油重量的测量工具。建议选择以克（g）为单位、可精确到0.01的电子秤。不建议使用指针秤。

电热炉（电磁炉）

选择可调整温度的小型电热炉，每种品牌温度分段定义不同，购买后可先详读说明书，了解每段的温度。本书使用的机种，是将温度调节在小火至中火之间。

热风枪

吹热并熔蜡，使用弹性大，能吹熔局部蜡。可用于吹热容器降低温差，或将工具及物品吹热后，更容易插入蜡中。

量杯

盛装蜡材的容器，也可在熔蜡时使用，导热速度快、方便清理。

金属搅拌棒／药勺

用于搅拌蜡液、调色及混合香精油。盛取少量材料倒入模具或容器内时所使用的工具。

玻璃搅拌棒

用于搅拌蜡液、调色及混合香
精油。玻璃材质容易清理，但
耐热有限且易碎。

不锈钢容器

相较于其他材质，不锈钢材质的烧杯导热速度快，相对安全且
方便清理。

小锥子

用于蘸取少量液体色素进行调
色，或将蜡烛作品戳出孔洞。
可搭配热风枪吹热后使用。

竹扦

用于调色，蘸取少量液体色素
进行调色。竹扦容易吸收色
液，并留在纤维中造成浪费，
不锈钢锥子可避免此状况。

竹筷

用于缠绕纯棉棉芯或制作大
口径蜡烛时固定烛芯，也可
用于刮下蜡壁。

木棒

用于调色，可蘸取少量液体
色素进行调色。

试色碟（纸）

用于调色后，确认蜡的颜色。
蜡液颜色较深，蜡凝固后颜色
较浅，建议调色后试色，以确
认是否为期望的颜色。

烛芯贴

用于使烛芯底座与容器贴合，
辅助将烛芯固定在容器中。

烛芯固定器

多为不锈钢材质，制作容器蜡烛等待蜡液凝固时，将烛芯置于其中用来固定的工具。

镊子

穿烛芯或夹取装饰用材料的工具。

尖嘴钳

将纯棉烛芯和烛芯底座固定时使用的工具。

剪刀

修剪烛芯或蜡材时使用。

刀片

用于刮下固体色素及分割蜂蜡片。

小刀

将药草切成小块时使用。

菜板

切药草时垫于底部，避免切的过程中破坏桌面。

纸巾

将蜡上多余的水分吸干时使用。

筛网

用来过滤蜡液。

捣磨组（捣钵、杵棒）

将切成小块的药草磨成更细小的粉末。

冰淇淋勺

挖取凝固的蜡，以制作出球状冰淇淋。

滴管

调色时用来吸取液体色素。

脱模剂

由石蜡等非天然成分制成。倒入蜡液前，喷在模具内以形成薄膜，可避免蜡烛和模具内壁黏住，导致脱模不易。如果要制作纯天然的蜡烛，就不适合使用脱模剂。

手套

制作蜡烛时，可以防止烫伤。

封口黏土（万能环保黏土）

用来封住柱状蜡烛模具的烛芯孔，以防止蜡液流出。属于可重复使用的材料，使用后可以放在小袋子里保存，以便下次继续使用。

硅胶浅盘

用作小型工作台或盛装蜡材的容器。

塑胶刮板

刮除作品多余的蜡，或清理残留的蜡时使用。

磨砂纸

用于磨平不平整蜡烛。

基本操作技巧

熔蜡

方法一

1 将黄蜂蜡倒入不锈钢容器中。

2 将黄蜂蜡加热熔化后，用搅拌棒确认蜡是否完全化开。

3 将不锈钢容器静置在旁，待蜡液温度降至所需的温度即可。

方法二

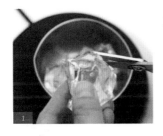  

1 以剪刀将果冻蜡修剪成小块。

2 将小块的果冻蜡放入不锈钢容器中，加热熔化。

3 将不锈钢容器静置在旁，待蜡液温度降至所需的温度即可。

方法三

1 将蜂蜡倒入不锈钢容器中后，加热熔化。

2 待蜡熔化2/3后，静置在旁，借助余温使蜡完全熔化。

3 待蜡完全熔化后，加热至所需的温度即可。

穿烛芯

方法一

1 以剪刀斜剪烛芯。

2 将修剪后的烛芯蘸取蜡液后，用手将烛芯捏尖。

3 将烛芯穿入模具的孔洞中。

方法二

1 将烛芯穿入孔洞，以竹扦为辅助工具，将烛芯戳入模具的孔洞中。

2 如图，将烛芯穿入模具的孔洞中完成。

制作带底座的烛芯

1 将烛芯修剪成适当长度，穿入底座的孔洞中。

2 以尖嘴钳夹紧烛芯与底座的圆柱。

3 如图，带底座的烛芯制作完成。

蜡液调色

固体色素

1 以刀片在纸上刮下固体色素（注：可依个人喜好调整用量，因在色素完全化开前难以分辨颜色，故建议少量逐次加入）。

2 以搅拌棒将固体色素加入蜡液中，将蜡液与固体色素搅拌均匀（注：需搅拌均匀使色素完全化开，否则作品表面会呈现色素颗粒）。

3 以搅拌棒蘸取调色后的蜡液滴到纸上试色（注：蜡液态时颜色较深，蜡凝固后颜色较浅，建议滴在纸上或试色碟上试色，以确认为期望的颜色）。

4 如图，蜡液调色完成。

液体色素1

1 以搅拌棒蘸取液体色素（注：也可以竹扦、木棒或小锥子蘸取液体色素）。

2 将搅拌棒放入蜡液中，并搅拌均匀，即完成蜡液调色（注：建议调色完成后，将蜡液滴在纸上试色，以确认为期望的颜色）。

液体色素2

1 将液体色素直接滴入蜡液中（注：可依个人喜好调整用量，因在色素完全化开前难以分辨颜色，故建议少量逐次加入）。

2 以搅拌棒搅拌均匀，即完成蜡液调色（注：建议调色完成后，将蜡液滴在纸上试色，以确认为期望的颜色）。

蜡液加香氛精油

方法一

1 将蜡熔化后，静置在旁，待温度降至适合的温度（注：熔蜡可参考P.29）。

2 将香氛精油加入蜡液中。

3 以搅拌棒将蜡液与香氛精油搅拌均匀，即完成。

方法二

1 将蜡液静置在旁，待温度降至适合的温度后，加入香氛精油（注：熔蜡可参考P.29）。

2 以搅拌棒稍微搅拌蜡液与香氛精油。

3 将蜡液用两个不锈钢容器来回交互倒入，使蜡液与香氛精油混合均匀，即完成。

硅胶模具使用方法

方法一

1 将使用后剩下的蜡液倒入硅胶模具中（注：迷你模具可用小勺将蜡液舀入）。

2 将硅胶模具静置在旁，待蜡液冷却凝固。

3 从硅胶模具中取出凝固的蜡，即完成装饰用的点缀蜡。

方法二

1 以小锥子为辅助,将使用后剩下的蜡液倒入硅胶模具中。

2 将硅胶模具静置在旁,待蜡液冷却凝固后,从硅胶模具中取出凝固的蜡。

3 如图,装饰用的点缀蜡完成。

方法三

1 将使用后剩下的蜡液倒入硅胶模具中。

2 以塑胶刮板刮除硅胶模具上多余的蜡液。

3 待蜡液冷却凝固后,从硅胶模具中取出凝固的蜡,即完成装饰用的点缀蜡。

其他操作须知

制作蜡烛时，有些步骤是原则，是必须要遵守的，例如：蜡与香精油"必须"要搅拌均匀，否则作品容易失败。但更多是可以脱离框架、自由发挥的，而这也是手作蜡烛迷人的地方。以下列举例子，教你在熟悉材料之后如何做出变化。

▍烛芯选择不当，会造成蜡烛熔化不完全，或是快速烧尽，造成浪费。

（但是）烛芯的使用，可以视作品设计做调整。
以柱状蜡烛为例：在设计时，希望在蜡烛烧尽后，能够留下外壁作为结束的造型，所以直径3厘米的蜡烛，使用小一码的烛芯尺寸，会因为烛芯较细，导致无法熔化外围的蜡，便能呈现右图的外壁效果。

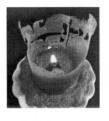

▍温度是决定作品品质和成功与否的要素，所以一定要按照温度入模。

（但是）大豆蜡经过不断搅拌变成浓稠状后，再次凝固就成为奶油馅料或冰淇淋作品的元素，所以不一定要在液体状态时做处理才能做成作品。

▍制作大豆蜡容器蜡烛，使用的是纯大豆软蜡；制作柱状蜡烛，则是使用大豆硬蜡。

（但是）在不同的环境下，必须考虑材料搭配并做一些调整，大至地理环境，小至空间，都会影响到作品的成败。同样是制作柱状蜡烛，在中国台湾和美国加州，配方就会不同：在中国台湾空气比较潮湿，一般会添加蜂蜡做搭配，以增加作品的硬度及光亮度（大豆蜡：蜂蜡＝7：3或8：2）。在美国加利福尼亚州，空气非常干燥，搭配硬度较高的蜂蜡，成品容易产生裂痕，就无须做任何添加。

▍想要做出平滑无瑕的蜡烛表面，倒蜡液的温度及速度非常重要，否则表面就会呈现条纹。

（但是）KCCA认证课程中有一款指定的石头蜡烛作品，要做出有条纹的石头，就需利用倒入的时间差来刻意制造条纹。

在书中，将尽可能用不同蜡材来制作基础作品让大家认识，而在了解蜡的特性后，就能够灵活运用和搭配，设计出更多不同的作品。并鼓励想要进入或正在手工蜡烛路上的读者们，要多尝试，不要介意做出失败的作品。有失败的经验，之后才能做出更好的作品。

还有一些操作须知如下：

1 使用容器前，要将容器内的灰尘或水渍等脏污清理干净。

2 有些蜡材在凝固后，可能会出现表面凹凸不平或孔洞，在熔蜡时可以多熔一些蜡备用。

 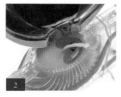 

先对准孔洞，再将蜡液倒入孔洞中，倒至高于孔洞即可。

3 依据气候和环境的不同，在将蜡液倒入容器前，可先将容器吹热，再倒入蜡液，避免因温差而导致蜡烛凝固后产生雾化（Wet Spot）。

先将热风枪距离容器约30厘米高后，再朝玻璃容器内、外部稍微吹热，使玻璃容器温度升高。

4 将蜡倒入模具或容器，若蜡液不小心溅到模具壁上，可使用热风枪将凝固在内壁的蜡吹熔。

5 果冻蜡因其特性，在降温过程中，表面若凝固，可使用热风枪将表面凝固的蜡吹熔。

6 制作过程中花费时间较长，可能造成蜡呈半凝固状态，此时可将蜡重新加热熔化再使用。

7 在制作硬蜡、石蜡、棕榈蜡等蜡材时，若有剩余的蜡液，可将蜡液倒入造型模具中，制作成装饰用的点缀蜡，避免造成浪费。

8 以绕圈或打结的方式来装饰烛芯的蜡烛，在点燃前需先将结解开，再将烛芯修剪至0.5～1厘米即可使用。

如何与蜡烛共处

我们都想要在人群中能够突出，因此会在身上添加一些东西，但蜡烛不一样，它的角色应该适合房间的特性，而非盖过我们身上的香水。——罗嘉·德芬（Roja Dove）

自己制作蜡烛后，我开始学会依照需求挑选当下合适的蜡烛来使用。

希望家里维持淡淡的香味时，我会使用化合香精油蜡烛，甚至也会为来家中作客的朋友挑选合适的香味。当身心需要支持时，我会点燃适合当下状态的植物精油蜡烛来陪伴。而有时我需要的是单纯烛火的温暖和宁静安定的感觉，这时我会点上天然的蜂蜡蜡烛，或是完全没加香味的蜡烛来陪伴我绘画、书写或静心。

蜡烛不只能贡献香气，看着它摇曳的烛光、映在墙上的光影、流下的烛泪、燃烧中的姿态，都是一种疗愈。对我而言，即便是被认为需要修剪掉的蘑菇头都值得被欣赏。

若是对蜡烛有更近一步的认识，就会发现它的每一刻其实都很美。

点燃蜡烛，每一刻都是当下。

制作蜡烛时的自身状态

　　准备制作蜡烛前，我习惯先将工作的环境整理好、把工具摆好、把材料也定位，接着净化空间，放上喜爱的音乐后，再开始制作。这样小小的仪式总能让我带着稳定和专注的心情进行手作。

　　蜡是很敏感的素材，温度、手法、我们自身的状态（情绪的流动或能量），会通过双手流动到作品中，这些都会表现在最后的成品上。而有趣的是，有时通过成品，也能大概了解制作者的个性与制作时的状态。

　　将蜡放在锅中熔解，滴入喜爱的精油后，再搅拌。

　　加入色素后，看着颜色在蜡中扩散，再调配出想要的色彩。

　　将蜡倒入模具内，等待凝固后，再脱模。

　　点燃、看着蜡烛熔化……

　　当专注在每一个细节时，我们就开始了与自己的对话，开启一段自我觉察的旅程。这样的流动，很难用言语表达，当与自己相遇的那一刻，就会了解手作的迷人之处。

　　通过蜡烛，我们可以多了解自己一些。

CHAPTER

2

蜡烛的实作

IMPLEMENTATION
of
CANDLES

释放蜡烛

包含了五种不同初级蜡烛的制作方式。第一次制作蜡烛的人，可以从释放蜡烛系列开始做起。在这部分，只要带着轻松的心情，跟着步骤做，就能做出好看又实用的蜡烛。

容器蜡烛

CONTAINER CANDLE

難易度 ★★☆☆☆

自从开始做蜡烛之后，我几乎没有购买市售蜡烛的欲望了。我知道用自己挑选好的材料，做出的蜡烛甚至比购买来的品质还要好。但是好看的容器总是能吸引我驻足欣赏。因此，我开始注意好看又合适的容器，然后回家自己做。如果细算，就会知道自己省下了多少钱，同时又环保。更重要的是，自己做就不会有舍不得用的问题了。

流程	工具		材料
▶ 贴烛芯	① 电热炉	⑦ 玻璃容器 1 个	① 大豆蜡（Golden 464）320 克
▶ 熔蜡	② 电子秤	⑧ 不锈钢容器 1 个	② 带底座的无烟烛芯（3 号）2 个
▶ 75～78℃加入香精油	③ 温度枪	⑨ 竹筷 1 双	③ 薰衣草香精油 16 克
▶ 68～72℃倒入模具	④ 搅拌棒	⑩ 热风枪	④ 烛芯贴 2 个
▶ 待蜡冷却凝固	⑤ 量杯	⑪ 镊子	⑤ 容器贴纸 1 个
	⑥ 剪刀		

步骤

1 将带底座的无烟烛芯放在烛芯贴上，用手按压底座，粘紧。

2 用手剥开烛芯贴与底纸。

3 如图，烛芯贴与底纸剥离完成。

4 将烛芯放入玻璃容器中央，以搅拌棒按压烛芯底座，以加强固定。

5 重复步骤1~4，固定好第二个烛芯。

6 将大豆蜡倒入不锈钢容器中，将容器放在电热炉上加热，使大豆蜡熔化（注：熔蜡可参考P.29）。

7 将熔化的大豆蜡静置在旁，待温度降至75~78℃后，加入香精油，为蜡液。

8 以搅拌棒将蜡液搅拌均匀，静置在旁，待温度降至68~72℃。

9 以热风枪吹热玻璃容器（注：吹热容器可降低因温差而导致蜡烛凝固后表面凹凸不平的状况）。

10 将蜡液倒入吹热的玻璃容器中。

11 如图，蜡液倒入完成（注：可用手将烛芯上端稍微移到侧边，防止沾到蜡）。

12 以竹筷中间的缝隙夹住烛芯，使烛芯固定在中央。

13 用手将烛芯拉直，将玻璃容器静置在旁，待蜡液冷却凝固（注：时间为二三小时）。

14 将竹筷左右掰开后轻轻拿掉。

15 如图，竹筷取出完成。

16 以剪刀修剪烛芯（注：需保留约1厘米的长度）。

17 重复步骤16，完成第二个烛芯修剪。

18 如图，烛芯修剪完成。

19 将容器贴纸与底纸剥离后，以镊子夹取容器贴纸，并放在玻璃容器旁边（注：可依个人喜好决定摆放位置）。

20 将容器贴纸与玻璃容器贴合后，用手按压贴纸表面，以加强固定。

21 如图，容器蜡烛完成。

小 贴 士

- 使用时需将两个烛芯同时点燃，表面的蜡才会均匀熔化。
- 容器蜡烛完全凝固的时间会因容器大小、气候及环境不同而有所差异。
- 除了搅拌棒，也可使用两个容器来回交互倒入，使蜡液与香精油混合更均匀。
- Golden 464的特性是在凝固后，表面可能产生雾面或不平整的状况，加入少量的蜜蜡，可缓解表面起雾的现象。若发现市售的大豆蜡蜡烛表面光滑平整，基本上都有可能添加了其他素材。
- 冬天的玻璃容器温度会更低，建议将蜡液倒入玻璃容器前，可先吹热玻璃容器，以避免发生雾化。
- 使用玻璃容器时要注意容器的耐热度，避免因温度过高而造成容器爆裂。
- 若有喜欢的容器，可以使用隔水加热的方式清洁后保存，方法如下：先在锅中加入水后，再将容器放入锅中（锅内的水不超过容器高度的一半），先放在炉上以小火加热，待残余的蜡熔化后，再倒入报纸内丢弃，不建议倒入水槽，以免造成堵塞。若有香精油残留的油分，可以使用洗碗精清洗。

小茶烛

TEA LIGHT CANDLE

难易度 ★☆☆☆☆

　　原本小茶烛只是一个隐藏在茶壶底座的小工具。现在因为承载的容器有了更多的选择，再经过我们进行装饰和色彩点缀，而给了小茶烛不同的定义。它不再是被隐藏的工具，而是一个独立的小作品。

流程	工具		材料
▶ 熔蜡	① 电热炉	⑤ 量杯	① 大豆蜡（Golden 464）15克
▶ 80～90℃调色	② 电子秤	⑥ 刀片	② 带底座的无烟烛芯（1号）1个
▶ 78℃加入香精油	③ 温度枪	⑦ 茶烛容器 1个	③ 固体色素（紫）
▶ 68～70℃倒入模具	④ 搅拌棒	⑧ 纸	④ 薰衣草香精油 1克
▶ 放烛芯			
▶ 待蜡冷却凝固			

步骤

1 将大豆蜡倒入量杯，放在电热炉上加热，使大豆蜡熔化为蜡液（注：熔蜡可参考P.29）。

2 将蜡液静置在旁，待温度降至80～90℃。

3 以刀片在纸上刮出紫色固体色素（注：刮下越多，颜色越深，可依个人喜好调整颜色深浅）。

4 以搅拌棒为辅助工具，将紫色固体色素放入蜡液中。

5 搅拌均匀后，将调色后的蜡液滴在纸上试色。

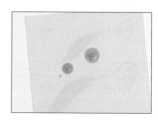

6 如图，试色完成，为紫色蜡液（注：蜡液态时颜色较深，蜡凝固后颜色较浅，可依个人喜好调整颜色）。

7 待紫色蜡液温度降至 78℃后，倒入香精油。

8 以搅拌棒搅拌均匀后，静置在旁，待温度降至 68～70℃。

9 将紫色蜡液倒入茶烛容器中。

10 将带底座的无烟烛芯放入茶烛容器中央后，用手轻轻按压烛芯，以加强固定。

11 将茶烛容器静置在旁，待紫色蜡液冷却凝固。

12 如图，小茶烛完成。

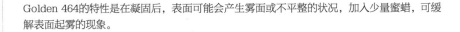

小 贴 士

Golden 464的特性是在凝固后，表面可能会产生雾面或不平整的状况，加入少量蜜蜡，可缓解表面起雾的现象。

蜂蜡片蜡烛

BEES WAX SHEET CANDLE

———— 难易度 ★☆☆☆☆ ————

　　蜂蜡片蜡烛的制作方式非常简单，是少数不用熔蜡即可做成蜡烛的素材。现在有各种不同颜色的蜂蜡片可供挑选，只要掌握制作重点，就能利用它的特质做出各种不同造型的蜡烛。

流程	工具	材料
▶ 切割蜂蜡片	① 剪刀	① 蜂蜡片（长25厘米、宽10厘米）2片（不同颜色）
▶ 压饼干切模	② 刀片	② 无烟烛芯（2号）2根
▶ 组合蜂蜡片	③ 金属饼干切模	
▶ 固定烛芯		
▶ 卷蜂蜡片		

步骤

1 将粉红色蜂蜡片对折。

2 以刀片切割粉红色蜂蜡片。

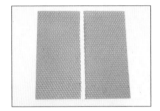

3 如图，粉红色蜂蜡片切割完成。

4 重复步骤1~2，切割蓝色蜂蜡片。

5 将无烟烛芯放在粉红色蜂蜡片的宽边上，以确定长度。

6 以剪刀修剪无烟烛芯（注：长度为蜂蜡片宽边的长度再加5~10厘米）。

7 重复步骤5~6，完成共两条无烟烛芯的修剪工作。

8 将金属饼干切模放在任一粉红色蜂蜡片右侧（注：金属饼干切模的摆放位置需距离右侧边缘1~1.5厘米）。

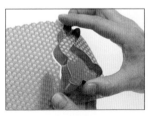

9 用手按压金属饼干切模后取出。

10 从金属饼干切模中取出粉红色蜂蜡片，得到粉红色兔形蜂蜡片。

11 如图，粉红色兔形蜂蜡片取出完成。

12 重复步骤8~10，得到蓝色兔形蜂蜡片。

13 将粉红色兔形蜂蜡片放入蓝色蜂蜡片的空洞中，并用手按压交接处，以加强固定。

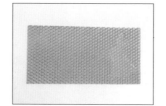

14 如图，粉红色兔形蜂蜡片放入完成，为粉红兔形蜂蜡片，备用。

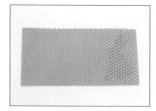

15 重复步骤13，完成蓝色兔形蜂蜡片与粉红色蜂蜡片的组合，为蓝兔蜂蜡片，备用。

16 将烛芯放在粉红色蜂蜡片左侧，用手按压烛芯，以加强固定（注：烛芯尾端建议不超出粉红色蜂蜡片的宽边）。

17 用手边按压边卷动粉红色蜂蜡片，以包覆烛芯（注：需压紧才能完整包覆烛芯）。

18 重复步骤17，持续卷起粉红色蜂蜡片至剩下5厘米。

19 将蓝兔蜂蜡片对齐摆放在粉红色蜂蜡片旁边。

20 如图，蓝兔蜂蜡片摆放完成。

21 重复步骤17，用手卷动蓝兔蜂蜡片。

22 用手按压蓝兔蜂蜡片与粉红色蜂蜡片交接处，以加强黏合。

23 如图，两片蜂蜡片的交接处黏合完成。

24 重复步骤17，继续卷起蓝兔蜂蜡片。

25 卷至蓝兔蜂蜡片尾端时，用手按压蓝兔蜂蜡片，以加强固定。

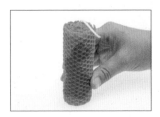

26 将卷起的蜂蜡片直立摆放，使底部更平整，为粉红色蜡烛。

27 重复步骤16~26，完成蓝色蜂蜡片与粉红兔蜂蜡片的接合和压卷，为蓝色蜡烛。

28 用手将粉红色蜡烛的烛芯打结（注：欲点燃蜡烛时，将结解开，并将烛芯修剪至1厘米即可）。

29 重复步骤28，完成蓝色蜡烛的烛芯打结（注：欲点燃蜡烛时，将结解开，并将烛芯修剪至1厘米即可）。

30 如图，蜂蜡片蜡烛完成。

小 贴 士

- 使用金属饼干切模时，要与蜂蜡片边缘保持1～1.5厘米的距离，避免在卷蜂蜡片的过程中，因边缘预留空间太少而断裂。
- 卷蜂蜡片时，要边卷边注意是否对齐，以确保底部保持平整。
- 蜂蜡片卷得越密实，燃烧时蜡烛的品质就越稳定，产生的烟也会比较少。
- 蜂蜡片本身就有淡淡的香味，使用时会自然散发，可以不用添加任何香精油。
- 若希望蜡烛的直径更粗，可在卷至第一片蜂蜡片尾端时，再加一片纯色蜂蜡片。

手工沾蜡饼干模蜡烛

COOKIE CUTTER DIPPING CANDLE

难易度 ★★☆☆☆

金属饼干切模的选择很多，可以做出各种不同可爱造型的蜡烛。

流程

- ▶ 制作烛芯
- ▶ 熔蜡
- ▶ 倒入蜡
- ▶ 待蜡冷却凝固
- ▶ 压饼干切模
- ▶ 黏合
- ▶ 68~70℃沾蜡
- ▶ 过冷水
- ▶ 反复沾蜡、过冷水
- ▶ 待蜡冷却凝固
- ▶ 贴水转印贴纸

工具

① 电热炉	⑤ 量杯	⑨ 镊子
② 电子秤	⑥ 金属饼干切模	⑩ 纸巾
③ 温度枪	⑦ 不锈钢容器 2个	⑪ 水
④ 搅拌棒	⑧ 硅胶浅盘	⑫ 剪刀

材料

- ① 黄蜂蜡 120克
- ② 纯棉棉芯（1号）1根
- ③ 水转印贴纸

步骤

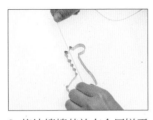

1 将纯棉棉芯放在金属饼干切模正中央，以确定长度。

2 以剪刀修剪纯棉棉芯（注：长度为金属饼干切模的总长度再加10~15厘米）。

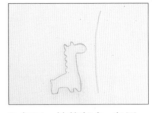

3 如图，烛芯完成，备用。

4 将黄蜂蜡倒入不锈钢容器中熔化后，以搅拌棒确认是否完全熔化（注：熔蜡可参考P.29）。

5 将黄蜂蜡倒入硅胶浅盘中（注：倒入高度约1厘米）。

6 将硅胶浅盘静置在旁，待黄蜂蜡稍微凝固。

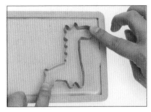

7 将金属饼干切模压放在黄蜂蜡上。

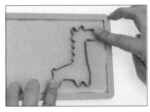

8 用手按压金属饼干切模后，再连同黄蜂蜡取出金属饼干切模。

9 用手稍微捏金属饼干切模，使黄蜂蜡能直接掉出。

10 重复步骤7~9，完成黄蜂蜡的按压。

11 如图，黄蜂蜡取下完成，为蜡烛主体。

12 将烛芯放在任一个蜡烛主体中央（注：烛芯尾端建议不超出蜡烛主体底部）。

13 用手按压烛芯，使烛芯与蜡烛主体黏合。

14 如图，烛芯与蜡烛主体黏合完成。

15 取另一个蜡烛主体，并贴齐步骤14的蜡烛主体左侧。

16 将另一片蜡烛主体覆盖在步骤14的蜡烛主体上，用手轻按压，使两片蜡烛主体黏合。

17 将两片蜡烛主体拿起后，用手轻轻压紧，以加强黏合。

18 如图，蜡烛主体黏合完成。

19 先将另一个不锈钢容器装满冷水后，再将步骤5的黄蜂蜡加热至68~70℃。

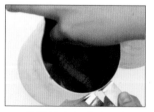

20 将蜡烛主体放入黄蜂蜡中（注：需将蜡烛主体完全浸泡在黄蜂蜡中）。

21 拿出蜡烛主体后，放入冷水中。

22 重复步骤20~21，持续浸泡在黄蜂蜡和水中，直至使蜡烛主体黏合缝隙消失后，再以纸巾擦干蜡烛主体上的水。

23 将水倒入硅胶浅盘中。

24 以剪刀沿着水转印贴纸边缘修剪至适当的大小。

25 用手剥开水转印贴纸上方的透明膜。

26 以镊子为辅助工具，撕下透明膜。

27 以镊子为辅助工具，将水转印贴纸放入水中（注：浸泡至贴纸可滑动时即可）。

28 将水转印贴纸以正面朝下放在蜡烛主体上（注：可依个人喜好决定摆放位置）。

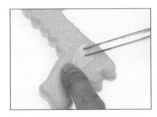

29 用手轻按水转印贴纸，使图案印到蜡烛主体上（注：手要保持潮湿，否则贴纸可能会粘在手上）。

30 将水转印贴纸的底纸取下。

31 如图，手工沾蜡饼干模蜡烛完成。

- 沾蜡的动作是以手捏烛芯为辅助来进行操作的，在修剪时，需预留一定长度。
- 蜡烛本身使用的蜡量不足30克，但沾蜡时蜡烛要完全浸泡在蜡液里，因此需要准备大量的蜡。
- 无须熔化大量蜡的方法：制作沾蜡的过程时，可准备一个口径比金属饼干切模大一点，但容量较深的量杯来浸泡蜡烛，就能避免熔化大量的蜡造成浪费，而剩下的蜡可以倒入纸杯内保存，未来继续使用。
- 蜡需有一定的黏稠度，两片蜡才能黏合，所以制作时要注意从金属饼干切模脱模后，对于温度及速度要拿捏好，若温度过低导致两片蜡过于干燥，则无法顺利黏合，当蜡液凝固、没有黏性时，可用热风枪稍微吹热。
- 进行沾蜡时，如果蜡的温度过高，会使原本的蜡烛熔化；温度过低则会让蜡烛表面变得不平整，所以蜡的最佳温度是70℃左右。
- 蜂蜡本身就有淡淡的蜂蜜味，使用时会自然散发香味，可以不用额外添加香精油。

自制水转印贴纸

- 购买水转印贴纸后，使用打印机印出想要的图案即可。市售的水转印贴纸分为"喷墨使用"和"激光使用"两种，购买时需注意要挑选与打印机适合的贴纸。

水转印贴纸的使用方法

- 将贴纸浸泡在水中，当感觉贴纸有些滑动时，将贴纸背面朝上，贴在蜡烛上要粘贴的位置，用一只手拇指按压着贴纸背面，另一只手将底纸抽出来即可，需注意的是手要保持潮湿状态，否则贴纸会容易粘在手上。

大理石蜡烛

MARBLE CANDLE

———┤ 难易度 ★★☆☆☆ ├———

大理石蜡烛黑与白的搭配，简单又有气质，是一款很适合做居家摆设的蜡烛。

流程

▶ 穿烛芯
▶ 熔蜡
▶ 75~78℃加入香精油
▶ 68~70℃倒入模具
▶ 待蜡稍微凝固
▶ 画出波纹
▶ 待蜡冷却凝固
▶ 脱模

工具

① 电热炉　　⑥ 剪刀　　　　　　　⑩ 竹扦
② 电子秤　　⑦ 不锈钢容器　　　　⑪ 烛芯固定器
③ 温度枪　　⑧ 直径5厘米、高15厘米的圆柱　⑫ 磨砂纸
④ 搅拌棒　　　　模具 1个
⑤ 量杯　　　⑨ 封口黏土

材料

① 大豆蜡（柱状用）104克　③ 纯棉棉芯（3号）1根　⑤ 香精油6克
② 蜂蜡 26克　　　　　　　④ 液体色素（黑）

步骤

1 将纯棉棉芯放在圆柱模具侧边，以确定长度。

2 以剪刀修剪纯棉棉芯，为烛芯（注：长度为圆柱模具的总长度再加10厘米）。

3 以竹扦为辅助工具，将烛芯穿入圆柱模具的孔洞中。

4 如图，烛芯穿入圆柱模具完成。

5 用手撕下封口黏土。

6 先将封口黏土贴在圆柱模具底部后，再用手按压，以固定烛芯（注：需在模具外保留四五厘米的烛芯）。

7 先用手将过长的线卷起后，再固定在圆柱模具底部。

8 如图，烛芯固定完成。

9 先将大豆蜡倒入不锈钢容器中后，再倒入蜂蜡。

10 将大豆蜡和蜂蜡加热熔化，为蜡液（注：熔蜡可参考P.29）。

11 将蜡液静置在旁，待温度降至75～78℃后，加入香精油。

12 以搅拌棒搅拌均匀，将蜡液静置在旁，待温度降至68～70℃。

13 将蜡液倒入圆柱模具中（注：不用完全倒入，可留一些蜡液备用）。

14 将圆柱模具静置在旁，待蜡液稍微凝固。

15 以竹扦蘸取黑色液体色素。

16 将竹扦放入圆柱模具边缘，顺着模具壁画出波纹。

17 重复步骤15～16，再次蘸取黑色液体色素，并画出波纹。

18 从圆柱模具中取出竹扦。

19 将烛芯穿入烛芯固定器，使烛芯固定在中央后，将圆柱模具静置在旁，等待蜡液凝固。

20 待蜡液稍微凝固后，取出烛芯固定器。

21 待剩余的蜡液温度降至68～70℃后，倒入圆柱模具中。

22 将圆柱模具静置在旁，等待蜡液冷却凝固。

23 取下底部的封口黏土。

24 取下圆柱模具的底座。

25 从圆柱模具中取出凝固的蜡液，为蜡烛主体。

26 以剪刀修剪蜡烛主体底部烛芯（注：无须保留任何长度）。

27 以磨砂纸磨平蜡烛主体底部不平整的蜡。

28 如图，蜡烛主体底部磨平完成。

29 以剪刀修剪烛芯（注：需保留约1厘米的长度）。

30 如图，大理石蜡烛完成。

小 贴 士

- 熔蜡时的火力，会根据蜡的重量而调整，大理石蜡烛需用小火力加热，避免温度过高。
- 蜡液凝固过程中若产生轻微凹槽，可以不用加入二次蜡，但若是底部产生凹洞，就需加入二次蜡，否则点燃蜡烛时，可能会产生蜡烛塌陷的状况。
- 蜡烛尺寸越大，越容易产生空洞，所以在熔蜡时，可以多熔一些蜡备用。
- 根据季节与环境的变化，蜡液凝固的时间会有所不同，判断的标准是握住模具感觉没有余温。
- 在燃烧脱模类型的蜡烛时，底部皆需使用容器盛接流下来的烛泪。
- 加了色素的蜡烛，尤其是使用大豆蜡作为蜡材的蜡烛，在长时间与空气接触后，会受到环境温度、湿度的影响，产生晕染或褪色的现象。

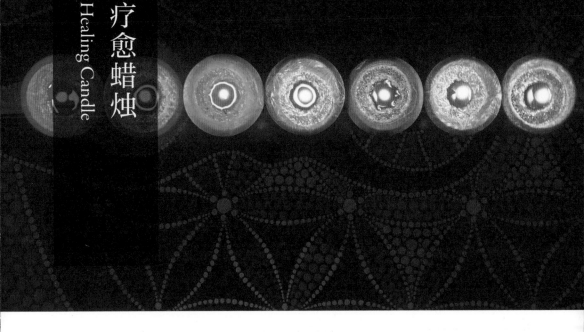

疗愈蜡烛
Healing Candle

找一个安静、不受打扰的舒适环境或喜爱的角落，静坐、冥想。点燃蜡烛后，调整呼吸，感受一呼一吸变得越来越深、越来越长。

有意识地去跟自己的每个脉轮连接。

由海底轮开始，观想（有意识地在脑海中刻画形象）海底轮有一个红色圆润的光球在转动着。接着再慢慢地往上一个脉轮和与其对应的颜色做观想。

脉轮蜡烛我也称之为陪伴蜡烛，可以随着蜡烛的步调，烧到哪一层（或是用哪一色的蜡烛）就只做那一层脉轮的观想练习，或是每次都做七脉轮的观想。

每天为自己安排一个独处时间，短短的10～15分钟也好。随着时间的累积，你会慢慢地发现这段独处时间带来的好处。

注：用于冥想静坐的蜡烛一般都不加香精油。

红色——海底轮

能量意义 与地球的连接、生存、生命力、存在的基本需求、物质、合一。

橘色——脐轮

能量意义 感受、情绪、关系、创造力、信任、恐惧与勇敢、性意识。

黄色——太阳神经丛

能量意义 意志、行动、力量、社会化、理智与限制。

绿色——心轮

能量意义 爱、希望、呼吸、同理、平衡、希望、传递。

蓝色——喉轮

能量意义 表达沟通、智慧、真实、聆听。

靛色——眉心轮

能量意义 直觉、觉醒、觉察、清明。

紫色——顶轮

能量意义 慈悲、智慧、转化、开悟。

七色脉轮蜡烛 ^{容器}

CHAKRA CANDLE (container)

———┤ 难易度 ★☆☆☆☆ ├———

不需要熔蜡，制作过程简单又有趣。换成其他颜色、设计几何图案，效果都会很好。

流程	工具 ——————	材料 ——————————
▶ 贴烛芯	① 热风枪	① 棕榈蜡140克
▶ 分蜡	② 电子秤	② 带底座的无烟烛芯（4号）1个
▶ 加入液体色素	③ 量杯	③ 液体色素（红、橙、黄、绿、蓝、紫）
▶ 搅拌均匀	④ 搅拌棒	④ 烛芯贴1个
▶ 倒入容器	⑤ 剪刀	
▶ 完成七色	⑥ 玻璃容器 200毫升	
▶ 待蜡冷却凝固		

步骤

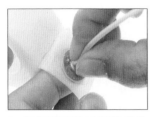

1 将带底座的无烟烛芯放在烛芯贴上后，用手按压底座，粘紧。

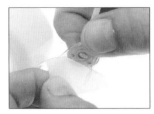

2 将烛芯贴与底纸剥离。

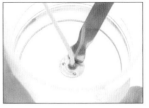

3 将带底座的无烟烛芯放入玻璃容器中央，以搅拌棒按压烛芯底座，以加强固定，备用。

4 将20克棕榈蜡倒入量杯中。

5 将紫色液体色素滴入量杯中（注：5~7滴，每个品牌的色素深浅不同，以实际颜色为准）。

6 以搅拌棒将紫色液体色素与棕榈蜡搅拌均匀，为紫色棕榈蜡。

7 如图，紫色棕榈蜡搅拌完成。

8 以搅拌棒将紫色棕榈蜡倒入玻璃容器中。

9 如图，紫色棕榈蜡倒入完成，为第一层。

10 将20克棕榈蜡倒入量杯中，然后滴入蓝色液体色素（注：6~8滴）。

11 以搅拌棒将蓝色液体色素与棕榈蜡搅拌均匀，为靛色棕榈蜡。

12 以搅拌棒为辅助，将靛色棕榈蜡倒入玻璃容器中。

13 用手掌轻拍玻璃容器底部，使靛色棕榈蜡平铺均匀。

14 如图，靛色棕榈蜡倒入完成，为第二层。

15 重复步骤10~11，完成蓝色棕榈蜡（注：约3滴）。

16 以搅拌棒为辅助，将蓝色棕榈蜡倒入玻璃容器中。

17 用手掌轻拍玻璃容器底部，使蓝色棕榈蜡平铺均匀。

18 如图，蓝色棕榈蜡倒入完成，为第三层。

19 重复步骤10~11，滴入绿色液体色素，完成绿色棕榈蜡（注：约4滴）。

20 以搅拌棒为辅助，将绿色棕榈蜡倒入玻璃容器中。

21 如图，绿色棕榈蜡倒入完成，为第四层。

22 重复步骤10～11，滴入黄色液体色素，完成黄色棕榈蜡（注：约4滴）。

23 重复步骤20，完成黄色棕榈蜡的倒入，为第五层。

24 重复步骤10～11，滴入橙色液体色素，完成橙色棕榈蜡（注：约4滴）。

25 重复步骤20，完成橙色棕榈蜡的倒入，为第六层。

26 重复步骤10～11，滴入红色液体色素，完成红色棕榈蜡（注：约4滴）。

27 重复步骤20，完成红色棕榈蜡的倒入后，以搅拌棒刮平表面，为第七层。

28 以热风枪稍微吹热红色棕榈蜡，使表面更平整。

29 将玻璃容器静置在旁，待红色棕榈蜡冷却凝固后，以剪刀修剪烛芯（注：需保留约1厘米的长度）。

30 如图，七色脉轮蜡烛（粉状）完成。

◇◇◇◇ 小 贴 士 ◇◇◇◇

◆ 每个品牌的色素深浅不同，以实际颜色为准，每次滴入时，可以少量多次加入液体色素，以调出理想的颜色。

◆ 若要制作浅色作品，需注意液体色素的用量，可利用竹扦少量多次蘸取并调色，避免颜色过深。

七色脉轮蜡烛 （柱状）

CHAKRA CANDLE (pillar)

—— 难易度 ★☆☆☆☆ ——

　　棕榈蜡在凝固后会形成天然的结晶，不同的蜡会产生不一样的结晶，如：羽毛结晶状的雪羽，或有如雪花结晶状的雪花棕榈蜡。另外，蜡液以不同的温度入模，结晶的样貌也会有所差异（温度越高，结晶越大）。相较于大豆蜡，棕榈蜡的价格较亲民，作品的成功率高，是手作蜡烛入门款的蜡材。

流程	工具		材料
▶ 穿烛芯	① 电热炉	⑦ 不锈钢容器 1个	① 棕榈蜡 110克
▶ 熔蜡	② 电子秤	⑧ 铝制柱状模具 1个	② 纯棉棉芯（3号）1根
▶ 100～110℃调色	③ 温度枪	⑨ 封口黏土	③ 液体色素（紫）
▶ 100℃倒入模具	④ 搅拌棒	⑩ 脱模剂	
▶ 待蜡冷却凝固	⑤ 量杯	⑪ 磨砂纸	
▶ 脱模	⑥ 剪刀	⑫ 烛芯固定器	

步骤

1 将纯棉棉芯放在铝制柱状模具侧边，以确定长度。

2 以剪刀修剪纯棉棉芯，为烛芯（注：长度为铝制柱状模具总长度再加10厘米）。

3 将烛芯穿入铝制柱状模具的孔洞中。

4 用手撕下封口黏土。

5 将封口黏土贴在铝制柱状模具底部，用手按压封口黏土，以固定烛芯（注：需保留三四厘米的烛芯在模具外）。

6 将棕榈蜡倒入不锈钢容器中，再放在电热炉上加热，使棕榈蜡熔化（注：熔蜡可参考P.29）。

7 将熔化的棕榈蜡静置在旁，待温度降至100～110℃，滴入紫色液体色素。

8 以搅拌棒将紫色液体色素与棕榈蜡搅拌均匀，为紫色蜡液。

9 将脱模剂喷在铝制柱状模具内侧。

10 将紫色蜡液倒入铝制柱状模具中。

11 将烛芯穿入烛芯固定器，使烛芯固定在中央，将铝制柱状模具静置在旁，待蜡液冷却凝固。

12 取出烛芯固定器后，取下底部的封口黏土。

13 用手轻轻按压铝制柱状模具侧边，以松动凝固的紫色蜡。

14 从铝制柱状模具中取出凝固的紫色蜡，为蜡烛主体。

15 以剪刀修剪蜡烛主体底部烛芯（注：无须保留任何长度）。

16 以剪刀修剪顶部烛芯（注：需保留约1厘米的长度）。

17 以磨砂纸磨平蜡烛主体底部不平整的蜡。

18 如图，紫色柱状脉轮蜡烛完成（注：重复步骤1~17，完成其余六色脉轮蜡烛，即完成七色柱状脉轮蜡烛）。

-------------------- 小贴士 --------------------

◆ 冥想静坐使用的蜡烛不加香精油，若想加香精油，可以在蜡液温度大约100℃时加入。

◆ 倒入蜡液之前，以脱模剂在模具内壁喷上一层薄膜，可防止蜡油和模具内壁黏住，降低蜡烛脱模后的不完整性。如果要制作纯天然的蜡烛，就需考虑使用脱模剂的必要性。

◆ 若要制作不同颜色的柱状脉轮蜡烛，只需将紫色液体色素换成想要制作的颜色即可。

◆ 结晶折射会让作品的颜色产生特别的色泽，例如：少许黑色液体色素会产生银色、棕色带金色的效果，白色（不调色）有雪地被太阳照耀般的银光白等。

◆ 铝制模具比塑胶模具更为冰凉，由于倒入蜡液时的温度差，会产生更大的结晶体。若没有铝制模具，可尝试将塑胶模具放入冰箱冷藏10分钟后，再将蜡液倒入模具。

◆ 注意事项
①倒入蜡液后，因铝制模具会导热，导致模具本体温度较高，在移动时可戴棉质手套以防止烫伤。
②若产生无法脱模的情况，可尝试将模具本体倒放在桌面上，用轻微力道施压并滚动模具，或放入冰箱冷藏10~15分钟。

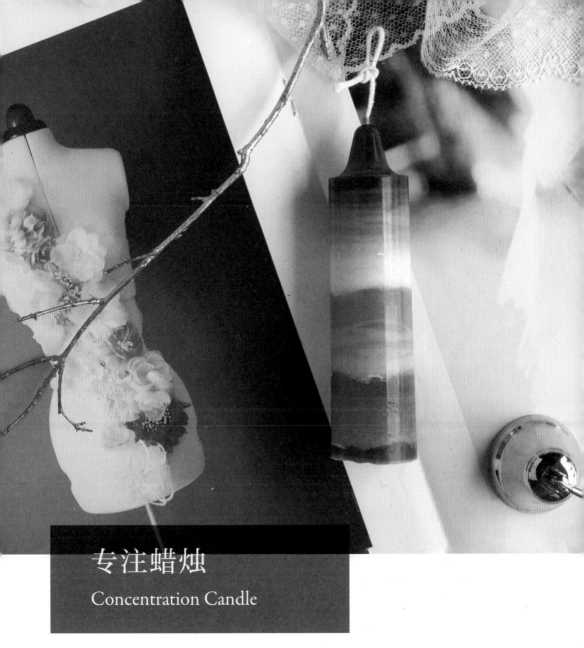

专注蜡烛
Concentration Candle

　　第一次制作这两款蜡烛时，好像一切都突然安静了下来。一层又一层地堆叠，看似重复的动作，却在过程中让我脑中的千头万绪如同尘埃一般落下，然后静止。相较于其他作品，它们更有温度，是我最喜爱的蜡烛作品之一。

古法沾蜡蜡烛

DIPPING CANDLE

┤ 难易度 ★★☆☆☆ ├

　　除了制作过程能够渐渐让人感到平静之外，没有经过刻意雕塑的外形，是我喜爱它的另外一个原因。沾蜡蜡烛源自俄国十八世纪，用牛油制成。在手作蜡烛的世界里，是具代表性的一个作品。

流程	工具	材料
▶ 缠烛芯	① 电热炉　⑦ 刀片	① 黄蜂蜡800克
▶ 熔蜡	② 电子秤　⑧ 竹筷 1双	② 纯棉棉芯（1号）1根
▶ 70～72℃沾蜡	③ 温度枪　⑨ 1000毫升不锈钢容器 2个	
▶ 过冷水	④ 搅拌棒　⑩ 硅胶浅盘	
▶ 反复沾蜡、过冷水	⑤ 量杯　　⑪ 纸巾	
▶ 待蜡冷却凝固	⑥ 剪刀　　⑫ 水	

步骤

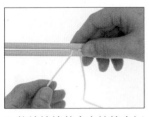

1 将纯棉棉芯夹在竹筷中间的缝隙，以固定纯棉棉芯。

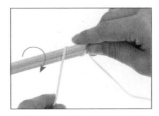

2 将纯棉棉芯以顺时针缠绕在竹筷上。

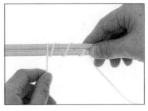

3 重复步骤2，完成共三圈的缠绕（注：烛芯两头间隔约7厘米）。

4 将纯棉棉芯放入竹筷中间的缝隙中，以固定纯棉棉芯。

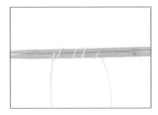

5 如图，纯棉棉芯缠绕竹筷完成。

6 以剪刀修剪过长的纯棉棉芯，为烛芯（注：两边垂下长度约17厘米）。

7 如图，烛芯完成，备用。

8 将纸巾铺在硅胶浅盘上，备用。

9 将黄蜂蜡倒入不锈钢容器中。

10 将黄蜂蜡熔化后，以搅拌棒确认是否完全熔化（注：熔蜡可参考P.29）。

11 将黄蜂蜡静置在旁，待温度降至70～72℃后，将另一个不锈钢容器装满冷水。

12 将烛芯放入黄蜂蜡中。

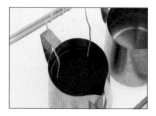

13 拿出烛芯，等待至黄蜂蜡液不滴落。

14 将沾黄蜂蜡的烛芯放入冷水中，使黄蜂蜡稍微凝固。

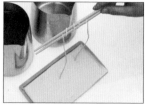

15 将烛芯从冷水中拿出，放在铺有纸巾的硅胶浅盘上，以防止水滴湿桌面。

16 用手拉直烛芯，给蜡烛塑形。

17 以纸巾将黄蜂蜡上的水擦干。

18 重复步骤12～13，将沾黄蜂蜡的烛芯压入冷水中（注：若沾黄蜜蜡的烛芯浮起来，可用手压下去）。

19 重复步骤12～15，完成适当的粗度后，用手剥下不平整的黄蜂蜡（注：可依个人喜好调整粗度）。

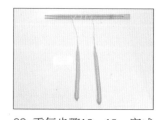

20 重复步骤12～19，完成蜡烛主体（注：可将装有黄蜂蜡的不锈钢容器稍微倾斜，以辅助蘸取黄蜂蜡）。

21 以刀片切平蜡烛主体底部（注：可依个人喜好决定切或不切）。

22 从竹筷上取出蜡烛主体。

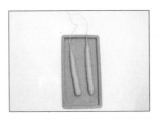

23 如图，蜡烛主体取出完成。

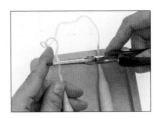

24 以剪刀修剪烛芯（注：需保留约1厘米的长度）。

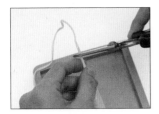

25 重复步骤24，完成另一个烛芯的修剪。

26 如图，古法沾蜡蜡烛完成。

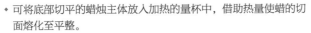

小 贴 士

- 可将底部切平的蜡烛主体放入加热的量杯中，借助热量使蜡的切面熔化至平整。
- 若不锈钢容器中的黄蜂蜡温度低于70℃，需加热至70℃，但不可高于70℃，温度过高，会让已凝固的黄蜂蜡柱熔化。
- 浸入黄蜂蜡的过程中，需避免让蜡烛主体碰触到不锈钢容器内部或底部。
- 若黄蜂蜡中有蜡块杂质，需移除，否则会沾到蜡烛主体上。
- 蜡烛本身使用的蜡量不足30克，但沾蜡时蜡烛需要完全浸泡在蜡里，因此需要准备大量的蜡。剩余的黄蜂蜡可以倒入纸杯内保存，以后继续使用。
- 蜂蜡本身就有淡淡的蜂蜜味，使用时会自然散发香味，可以不用额外添加香精油。
- 可以尝试使用白色蜂蜡或大豆蜡（柱状用）取代黄蜂蜡。
- 点燃柱状蜡烛时，底部记得使用容器盛接流下的烛泪。
- 蜡烛使用方法
  ① 蜡烛完全凝固后，底部会呈现尖锥状，使用时以刀片削平底部，再滴几滴蜡液在盛接的容器中，利用未干、具有黏性的蜡液即可使蜡烛站立在容器中央。
  ② 将蜡烛直接插入烛台中，即可使用。

水蜡烛（渐层蜡烛）

WATER/LAYERED CANDLE

———————— 难易度 ★★★★☆ ————————

　　制作时通过倾斜模具让分层呈现波浪纹路，而取名为水蜡烛。制作方式不难，但是制作时间较长。完成一支120克的蜡烛，需要1.5～2小时。成品非常好看，是个有气质的作品。

流程
- ▶ 穿烛芯
- ▶ 熔蜡
- ▶ 熔蜡后调色
- ▶ 70～75℃倒入模具
- ▶ 重复调色倒入模具
  （蓝色由深入浅，
  咖啡色由浅入深）
- ▶ 待蜡冷却凝固
- ▶ 脱模

工具
- ① 电热炉
- ② 电子秤
- ③ 温度枪
- ④ 搅拌棒
- ⑤ 量杯
- ⑥ 剪刀
- ⑦ 刀片
- ⑧ 试色碟
- ⑨ 不锈钢容器
- ⑩ 封口黏土
- ⑪ 纸
- ⑫ 隔热垫
- ⑬ 直径3.2厘米、高12厘米的尖顶圆柱模具 1个

材料
- ① 棕榈蜡（微晶）120克
- ② 纯棉棉芯（1号）1根
- ③ 固体色素（咖啡、蓝）

步骤

1 将纯棉棉芯放在尖顶圆柱模具侧边确定长度后，以剪刀修剪纯棉棉芯，为烛芯（注：长度为尖顶圆柱模具总长度再加10～15厘米）。

2 将烛芯穿入尖顶圆柱模具的孔洞中（注：穿烛芯可参考P.30）。

3 将封口黏土贴在尖顶圆柱模具底部，并用手按压封口黏土，以固定烛芯（注：需保留四五厘米的烛芯在模具外）。

4 将烛芯卷起后，收在尖顶圆柱模具底部，备用。

5 将10克棕榈蜡倒入量杯中后，加热熔化，为蜡液（注：熔蜡可参考P.29）。

6 以刀片在纸上刮出蓝色固体色素，用搅拌棒将蓝色固体色素倒入量杯中。

7 以搅拌棒将蜡液和蓝色固体色素搅拌均匀，为深蓝色蜡液。

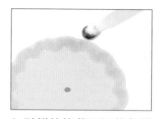

8 以搅拌棒蘸取深蓝色蜡液滴在试色碟上试色（注：蜡液态时颜色较深，蜡凝固后颜色较浅，可依个人喜好调整颜色）。

9 将量杯静置在旁，待深蓝色蜡液温度降至70～75℃后，倒入模具中（注：不用全部倒入。可用封口黏土将烛芯暂时固定在侧边）。

10 以任意角度倾斜模具，使深蓝色蜡液黏附在模具内壁。

第一层
蜡壁

11 重复步骤10，持续将蜡液黏附在模具内壁（注：不可高过第一层蜡壁）。

12 以搅拌棒将棕榈蜡倒入量杯中，加热熔化（注：加入10克棕榈蜡，来淡化原有的深色蜡液，使颜色越来越浅）。

13 以搅拌棒将深蓝色蜡液和棕榈蜡搅拌均匀，为蓝色蜡液。

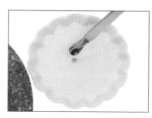

14 以搅拌棒蘸取蓝色蜡液，滴在试色碟上试色（注：蜡液态时颜色较深，蜡凝固后颜色较浅，可依个人喜好调整颜色）。

15 将量杯静置在旁，待蓝色蜡液温度降至70～75℃后，倒入模具中（注：不用全部倒入）。

16 如图，蓝色蜡液倒入完成。

17 重复步骤10～11，完成蓝色蜡液黏附模具内壁。

18 重复步骤12～14，完成天蓝色蜡液（注：加入10克棕榈蜡，使颜色越来越浅）。

19 将量杯静置在旁，待天蓝色蜡液温度降至70~75℃后，倒入模具中（注：不用全部倒入）。

20 重复步骤10~11，完成天蓝色蜡液黏附模具内壁。

21 重复步骤12~14，完成浅蓝色蜡液（注：加入10克棕榈蜡，使颜色越来越浅）。

22 将量杯静置在旁，待浅蓝色蜡液温度降至70~75℃后，倒入模具中（注：不用全部倒入）。

23 重复步骤10~11，完成浅蓝色蜡液黏附模具内壁。

24 重复步骤12~17，完成五层由深蓝到白的蜡液黏附模具内壁（注：加入10克棕榈蜡，使颜色越来越浅，直到变白色）。

25 将剩余的棕榈蜡倒入量杯熔化后，以刀片在纸上刮下咖啡色固体色素（注：熔蜡可参考P.29）。

26 将咖啡色固体色素倒入量杯中，并以搅拌棒搅拌均匀，为浅咖啡色蜡液。

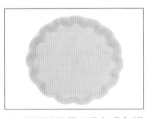

27 以搅拌棒蘸取浅咖啡色蜡液滴在试色碟上试色（注：蜡液态时颜色较深，蜡凝固后颜色较浅，可依个人喜好调整颜色）。

28 将量杯静置在旁，待浅咖啡色蜡液温度降至70~75℃后，倒入模具中（注：不用全部倒入）。

29 重复步骤10~11，完成浅咖啡色蜡液黏附模具内壁。

30 以刀片在纸上刮出咖啡色固体色素，重复步骤26~27，完成咖啡色蜡液。

31 重复步骤28~29，完成咖啡色蜡液黏附模具内壁。

32 重复步骤30~31，完成二层咖啡色由浅到深的蜡液黏附模具内壁。

33 用手将烛芯调整到模具中央。

34 重复步骤26~28，完成最后的深咖啡色蜡液，并倒入模具中。

35 将模具静置在旁，待蜡液冷却凝固。

36 取下底部的封口黏土，再取下尖顶圆柱模具的底座。

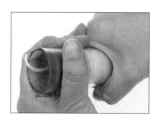

37 用手按压尖顶圆柱模具，以松动凝固的蜡。

38 从尖顶圆柱模具中取出凝固的蜡，为蜡烛主体。

39 以剪刀修剪蜡烛主体底部烛芯（注：无须保留任何长度）。

40 用手将烛芯打结（注：欲点燃蜡烛时，将结解开，并将烛芯修剪至1厘米即可）。

41 如图，水蜡烛完成。

◆ 渐层如何做得好看？

　①水波纹路取决于倾斜模具的角度和方式。

　②上下层颜色的融合度，除了受调色影响外，倒入时的温度也是关键。

　③蜡液黏附模具内壁制作堆叠蜡时，后面的蜡不可超过先前凝固的蜡，黏附时也需做到渐层。

◆ 不断倾斜模具，使蜡液黏附模具内壁，待倒入的蜡液都凝固后，就可调制下一色蜡液。

◆ 建议每次以少量加入色素，避免颜色过深而导致呈现不出渐层感。

◆ 水蜡烛的层数到中间段时，要转为白色，再将第二色由浅色渐层式转换成深色。以作品为
　例：深蓝色 → 蓝色 → 天蓝色 → 浅蓝色 → 白色 → 浅咖啡色 → 咖啡色 → 深咖啡色。

◆ 中间的白色层可以利用：第一色的微浅 → 纯白 → 第二色的微浅，作为三个不同层次的白色。

◆ 蜡液态时颜色较深，蜡冷却凝固后的颜色有所不同，所以建议每次调色完都要试色，以确
　保能制作出完美的渐层。

◆ 若希望两色融合时不要有太大的落差，可在80℃时倒入下一层蜡。

◆ 倒入的蜡温度高一点，可平衡前一层蜡的颜色，但也不可过高，避免将前面制作的蜡熔化。

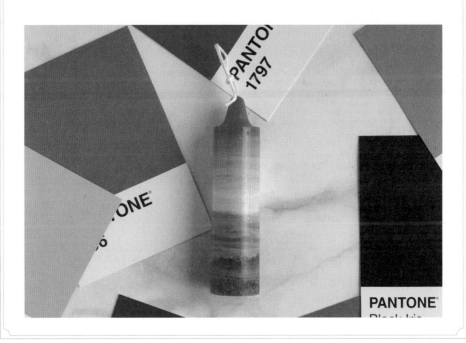

能量蜡烛
Energy Candle

世间万物都有振动频率，包括意识或意念。而特定的振动频率，就是所谓的能量。挑选适合自己主题的干燥药草，借助植物的振动频率，以及制作蜡烛时意念的集中，就能制作出能量蜡烛。当意念越专注且纯粹，就越能做出品质稳定的能量蜡烛。通过点燃蜡烛，火元素能够加速能量的显化，达到我们的需求和目的。

制作蜡烛时，我喜欢找一个安静的时刻，将工作台及工具摆设好。调整呼吸后，专注在每个制作的过程里。研磨药草时将期望的意念灌注在其中，想象着愿望达成后的情景和感受，每个动作都专注当下。

我会感谢与我一起工作的药草材料，记得当我们投射出去的意念都是正向时，也会得到相同的回应。用这样的意念做出的蜡烛，点燃蜡烛的人会感受到稳定的能量，并获得支持。

使用能量蜡烛时需注意，不能用嘴巴吹熄蜡烛，需使用灭烛器或盖上盖子来熄灭烛火。

爱神降临蜡烛
LOVE CANDLE

———————— 难易度 ★★☆☆☆ ————————

单身的人能够吸引到恋爱对象，有恋人的伴侣感情会更加甜蜜。

流程	工具	材料
▶ 剁碎药草	① 电热炉　　　⑦ 小刀	① 大豆蜡（C3）40克
▶ 贴烛芯	② 电子秤　　　⑧ 菜板	② 带底座的无烟烛芯（2号）1个
▶ 熔蜡	③ 温度枪　　　⑨ 马口铁罐 1个	③ 玫瑰、茉莉、广藿香、薰衣草
▶ 55～60℃加入部分　药草	④ 搅拌棒　　　⑩ 捣磨组（捣钵、杵棒）	共0.5克
▶ 55℃倒入模具	⑤ 量杯　　　　⑪ 隔热垫	④ 烛芯贴1个
▶ 待蜡稍微凝固	⑥ 镊子	
▶ 加入药草		
▶ 待蜡冷却凝固		

步骤

1 将玫瑰放在菜板上，以小刀切碎。

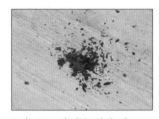

2 如图，玫瑰切碎完成。

3 重复步骤1，切碎茉莉。

4 将广藿香放在菜板上，以小刀切碎。

5 将切碎的广藿香放入捣钵中，以杵棒将切碎的广藿香磨成粉（注：磨得越细越不容易产生火花）。

6 重复步骤4～5，磨碎薰衣草（注：建议先切小块再磨碎，直接磨可能会压扁薰衣草）。

7 如图，药草完成（注：可依个人喜好调整药草比例，总重量为0.5克）。

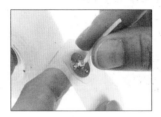

8 将带底座的无烟烛芯放在烛芯贴上，用手按压底座，粘好。

9 用手剥开烛芯贴与底纸，使烛芯贴与底纸剥离。

10 将烛芯放入马口铁罐中央，以镊子按压烛芯底座，以加强固定。

11 将大豆蜡熔化后，静置在旁，待温度降至55~60℃（注：熔蜡可参考P.29）。

12 以搅拌棒将部分药草倒入大豆蜡中。

13 以搅拌棒将药草与大豆蜡搅拌均匀，将大豆蜡静置在旁，待温度降至55℃。

14 以搅拌棒为辅助，将大豆蜡倒入步骤10的马口铁罐中。

15 将马口铁罐静置在旁，待大豆蜡稍微凝固。

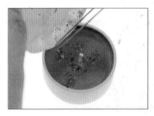

16 以镊子将剩余的药草撒在稍微凝固的大豆蜡上。

17 将马口铁罐静置在旁，待大豆蜡冷却凝固。

18 如图，爱神降临蜡烛完成。

小贴士

◆ 使用说明

①准备边长为8厘米的空白纸；写下自己的名字和一个愿望；想象愿望成真的景象和感受，吹一口气在蜡烛上；将纸压在蜡烛下，点燃蜡烛。

②愿望要明确、合理，且必须与自身有关，不能代他人许愿；要用积极正向的方式许愿，避免使用负面文字；初次点燃蜡烛要等表面全部熔化再熄灭。

◆ 注意事项

①我们的内在体验（想法、感受、情绪、信念），能够传递到自身之外的物体上，所以在制作能量蜡烛时，要让自己的心安定下来，带着好的意念去制作，同时想象着理想中的画面或对象来完成它。

②一般在制作蜡烛前（尤其是能量蜡烛），会先进行一个小仪式：将工作环境清理干净，稳定心情后，再开始制作蜡烛。这样做出的蜡烛品质会更稳定。

③药草研磨越细，使用时越不容易产生火花。

④使用马口铁罐作为容器，燃烧后铁罐表面温度会较高，尤其是烧到底部时，请注意放置的地方。

⑤若使用玻璃容器，燃烧到底部时，剩余的火可能与药草残渣持续燃烧，导致玻璃容器过热而破裂。

⑥无论使用哪种容器，都建议在底部垫隔热垫。

◆ 药草能量用途关键词

玫瑰：爱情、美丽、疗愈、幸运。

茉莉：吸引真爱、散发魅力、财富、舒眠、预知梦。

广藿香：招财、爱情、性、提升身体能量。

薰衣草：纯洁的爱、净化、舒眠、洞察力、专注、冷静、肌肉松弛、内在和谐、良好沟通、抗菌消炎。

净化保护蜡烛

ENERGY CLEANSING
AND PROTECTION CANDLE

难易度 ★★☆☆☆

稳定自身能量，守护并净化空间能量。

流程

▶ 剁碎药草

▶ 贴烛芯

▶ 熔蜡

▶ 55~60℃加入部分药草

▶ 55℃倒入模具

▶ 待蜡稍微凝固

▶ 加入药草

▶ 待蜡冷却凝固

工具

① 电热炉　⑥ 镊子

② 电子秤　⑦ 小刀

③ 温度枪　⑧ 菜板

④ 搅拌棒　⑨ 马口铁罐 1个

⑤ 量杯　⑩ 隔热垫

材料

① 大豆蜡（C3）40克

② 带底座的无烟烛芯（2号）1个

③ 雪松、黑色鼠尾草、秘鲁圣木 共1克

④ 烛芯贴 1个

步骤

1 将雪松放在菜板上，以小刀切碎。

2 如图，雪松切碎完成。

3 重复步骤1，切碎黑色鼠尾草。

4 将秘鲁圣木放在菜板上，以小刀削成小块。

5 如图，秘鲁圣木削碎完成（注：削得越细越不容易产生火花）。

6 如图，药草完成（注：可依个人喜好调整药草比例，总重量为1克）。

7 将带底座的无烟烛芯放在烛芯贴上，用手按压底座，粘好。

8 用手剥开烛芯贴与底纸，使烛芯贴与底纸剥离。

9 将烛芯放入马口铁罐中央。

10 以镊子按压烛芯底座，加强固定。

11 将大豆蜡熔化后，静置在旁，待温度降至55~60℃（注：熔蜡可参考P.29）。

12 以镊子将部分药草倒入大豆蜡中。

13 以搅拌棒将药草与大豆蜡搅拌均匀，将大豆蜡静置在旁，待温度降至55℃。

14 将大豆蜡倒入步骤10的马口铁罐中。

15 将马口铁罐静置在旁，待大豆蜡稍微凝固。

16 以镊子将剩余的药草撒在稍微凝固的大豆蜡上。

17 将马口铁罐静置在旁，待大豆蜡冷却凝固。

18 如图，净化保护蜡烛完成。

小贴士

◆ 使用时机
　①觉得需要净化的任何时候。
　②出入人多或较特别的场合后。
　③物品净化，如：水晶。将水晶在烛火上绕几圈即可。
　④清理环境、物品负面或厚重的能量。
　⑤冥想静坐的时候。
◆ 注意事项见P.83

◆ 药草能量用途关键词
　雪松：保护空间、净化空间、安定情绪、抗菌。
　黑色鼠尾草：人、物品和环境的净化、保护、消毒。
　秘鲁圣木：人、物品和环境的净化、保护、能量转换。

招财丰饶蜡烛

ABUNDANCE CANDLE

难易度 ★★☆☆☆

启动金钱能量流动，为自己带来财运。

流程	工具		材料
▶ 剁碎药草	① 电热炉	⑦ 小刀	① 大豆蜡（C3）40克
▶ 贴烛芯	② 电子秤	⑧ 菜板	② 带底座的无烟烛芯（2号）1个
▶ 熔蜡	③ 温度枪	⑨ 镊子	③ 肉桂、甜橙、广藿香 共1克
▶ 55～60℃加入部分 　药草	④ 搅拌棒	⑩ 马口铁罐 1个	④ 烛芯贴 1个
▶ 55℃倒入模具	⑤ 量杯	⑪ 捣磨组（捣钵、杵棒）	
▶ 待蜡稍微凝固	⑥ 剪刀	⑫ 隔热垫	
▶ 加入药草			
▶ 待蜡冷却凝固			

步骤

1 将肉桂放在菜板上，以小刀切碎。

2 如图，肉桂切碎完成。

3 将甜橙放在菜板上，以剪刀剪成小块。

4 如图，甜橙剪碎完成（注：剪得越小越不容易产生火花）。

5 将广藿香放在菜板上，以小刀切成小块。

6 将切碎的广藿香放入捣钵中，以杵棒将切碎的广藿香磨成粉（注：磨得越细越不容易产生火花）。

7 如图，药草完成（注：可依个人喜好调整药草比例，总重量为1克）。

8 将带底座的无烟烛芯放在烛芯贴上，用手按压底座，粘好。

9 用手剥开烛芯贴与底纸，使烛芯贴与底纸剥离。

10 将烛芯放入马口铁罐中央，以镊子按压烛芯底座，以加强固定。

11 将大豆蜡熔化，静置在旁，待温度降至55~60℃（注：熔蜡可参考P.29）。

12 以镊子将部分药草倒入大豆蜡中。

13 以搅拌棒将药草与大豆蜡搅拌均匀，将大豆蜡静置在旁，待温度降至55℃。

14 将大豆蜡倒入步骤10的马口铁罐中。

15 将马口铁罐静置在旁，待大豆蜡稍微凝固。

16 以镊子将剩余的药草撒在稍微凝固的大豆蜡上。

17 将马口铁罐静置在旁，待大豆蜡冷却凝固。

18 如图，招财丰饶蜡烛完成。

小贴士

❖ 使用说明与注意事项见P.83

❖ 药草能量用途关键词
肉桂：财富、爱情、提升身体能量（孕妇慎用）、动力。
甜橙：金钱、爱情、净化、幸运、喜悦。
广藿香：招财、爱情、性、提升身体能量。

纾压安眠蜡烛

RELAXATION CANDLE

難易度 ★★☆☆☆

创造安定与稳定的环境氛围，让人感到放松，并带人进入稳定的睡眠状态。

流程	工具	材料
▶ 剁碎药草	① 电热炉 ⑥ 镊子	① 大豆蜡（C3）40克
▶ 贴烛芯	② 电子秤 ⑦ 小刀	② 带底座的无烟烛芯（2号）1个
▶ 熔蜡	③ 温度枪 ⑧ 菜板	③ 茉莉、啤酒花、洋甘菊 共0.5克
▶ 55～60℃加入部分 药草	④ 搅拌棒 ⑨ 马口铁罐 1个	④ 烛芯贴 1个
▶ 55℃倒入模具	⑤ 量杯 ⑩ 隔热垫	
▶ 待蜡稍微凝固		
▶ 加入药草		
▶ 待蜡冷却凝固		

步骤

1 将茉莉放在菜板上，以小刀切碎。

2 如图，茉莉切碎完成。

3 将啤酒花放在菜板上，以小刀切碎。

4 如图，啤酒花切碎完成。

5 重复步骤1，切碎洋甘菊（注：也可以直接购买有机纯洋甘菊茶包）。

6 如图，药草完成（注：可依个人喜好调整药草比例，总重量为0.5克）。

7 将带底座的无烟烛芯放在烛芯贴上，用手按压底座，粘好。

8 用手剥开烛芯贴与底纸，使烛芯贴与底纸剥离。

9 将烛芯放入马口铁罐中央。

10 以镊子按压烛芯底座，以加强固定。

11 将大豆蜡熔化，静置在旁，待温度降至55~60℃（注：熔蜡可参考P.29）。

12 以镊子将部分药草倒入大豆蜡中。

13 以搅拌棒将药草与大豆蜡搅拌均匀，将大豆蜡静置在旁，待温度降至55℃。

14 将大豆蜡倒入步骤10的马口铁罐中。

15 将马口铁罐静置在旁，待大豆蜡稍微凝固。

16 以镊子将剩余的药草撒在稍微凝固的大豆蜡上。

17 将马口铁罐静置在旁，待大豆蜡冷却凝固。

18 如图，舒压安眠蜡烛完成。

小贴士

◆ 使用说明

睡前或晚上泡澡时，点燃蜡烛至少半小时。这时做些轻松的事情，聆听轻松的音乐、阅读、写作、画画、静坐，甚至单纯看着摇曳的烛光，都是不错的选择。想要休息时，可以随时熄灭蜡烛。

◆ 注意事项见P.83

◆ 药草能量用途关键词

茉莉：吸引真爱、散发魅力、财富、舒眠、预知梦。

啤酒花：睡眠、疗愈、灵感、放松（孕妇慎用）。

洋甘菊：舒眠、爱情、金钱、净化。

好人缘蜡烛

POPULARITY CANDLE

———| 难易度 ★★☆☆☆ |———

能够提升自己的魅力，受人喜爱，并且吸引贵人来到身边。

流程	工具		材料
▶ 剁碎药草	① 电热炉	⑧ 菜板	① 大豆蜡（C3）40克
▶ 贴烛芯	② 电子秤	⑨ 镊子	② 带底座的无烟烛芯（2号）1个
▶ 熔蜡	③ 温度枪	⑩ 马口铁罐 1个	③ 香蜂草、薰衣草、佛手柑 共0.5克
▶ 55～60℃加入部分 药草	④ 搅拌棒	⑪ 隔热垫	④ 烛芯贴 1个
▶ 55℃倒入模具	⑤ 量杯	⑫ 捣磨组（捣钵、杵棒）	
▶ 待蜡稍微凝固	⑥ 剪刀		
▶ 加入药草	⑦ 小刀		
▶ 待蜡冷却凝固			

步骤

1 将香蜂草放在菜板上，以小刀切碎。

2 如图，香蜂草切碎完成。

3 以小刀将薰衣草切成小块，放入捣钵中，以杵棒将切碎的薰衣草磨成粉（注：可参考P.82）。

4 将佛手柑放在菜板上，以剪刀剪成小块。

5 如图，佛手柑剪碎完成（注：剪得越小越不容易产生火花）。

6 如图，药草完成（注：总重量为0.5克）。

7 将带底座的无烟烛芯放在烛芯贴上后，用手按压底座，粘好。

8 用手剥开烛芯贴与底纸，使烛芯贴与底纸剥离。

9 将烛芯放入马口铁罐中央。

10 以镊子为辅助，按压烛芯底座，以加强固定，即完成铁罐容器，备用。

11 将大豆蜡熔化，静置在旁，待温度降至55～60℃（注：熔蜡可参考P.29）。

12 以镊子将部分药草倒入大豆蜡中。

13 以搅拌棒将药草与大豆蜡搅拌均匀，将大豆蜡静置在旁，待温度降至55℃。

14 将大豆蜡倒入步骤10的马口铁罐中。

15 将马口铁罐静置在旁，待大豆蜡稍微凝固。

16 以镊子将剩余的药草撒在稍微凝固的大豆蜡上。

17 将马口铁罐静置在旁，待大豆蜡冷却凝固。

18 如图，好人缘蜡烛完成。

---------------------------- 小贴士 ----------------------------

◆ 使用说明与注意事项见P.83

◆ 药草能量用途关键词
香蜂草：和平、丰盛、贵人、净化、力量。
薰衣草：纯洁的爱、保护、净化、舒眠、洞察力、专注、冷静、肌肉松弛、内在和谐、良好的沟通、驱虫、抗菌消炎。
佛手柑：幸运、和平、喜悦、舒缓、舒眠。

魅力蜡烛

Charming Candle

　　不用点燃，单是欣赏蜡烛完成的模样，就是一种疗愈。这一系列的蜡烛，从制作到完成，再将它们握在手上，每一个过程都能让心脏有一次喜悦的跳动。

土耳其蜡烛

EBRU CANDLE

———— ┤ 难易度 ★★★☆☆ ├ ————

　　以土耳其浮纹水画为构想而设计的蜡烛。随着时间的推移，目前有三四种改良的技法出现。土耳其蜡烛美在制作者给予的纹路和线条的流动。在制作过程中，其实我们很难想象成品会是什么模样。惊喜，往往都在脱模的那一瞬间产生，而这也是制作这款蜡烛的乐趣所在。

流程		工具		材料
▸ 穿烛芯	▸ 80℃倒入模具	① 电热炉	⑨ 直径5厘米、	① 石蜡（140）130克
▸ 熔蜡	▸ 倒出	② 电子秤	高15厘米的	② 纯棉棉芯（3号）1根
▸ 90℃倒入模具	▸ 70℃倒入模具	③ 温度枪	圆柱模具1个	③ 液体色素（蓝、紫）
▸ 倒出调第一色	▸ 待蜡冷却凝固	④ 搅拌棒	⑩ 封口黏土	④ 金箔
▸ 85℃倒入模具	▸ 脱模	⑤ 量杯	⑪ 竹筷1双	
▸ 倒出调第二色		⑥ 剪刀	⑫ 小锥子	
		⑦ 刀片	⑬ 烛芯固定器	
		⑧ 热风枪		

步骤

1 将纯棉棉芯放在圆柱模具侧边，以测量长度。

2 以剪刀修剪纯棉棉芯，为烛芯（注：长度为圆柱模具总长度再加10厘米）。

3 以剪刀斜剪烛芯。

4 将烛芯沾蜡，并用手捏尖烛芯（注：熔蜡可参考P.29）。

5 将烛芯穿入圆柱模具的孔洞中。

6 先将封口黏土贴在圆柱模具底部后，再用手按压封口黏土，以固定烛芯（注：需保留四五厘米的烛芯在模具外）。

7 如图，烛芯穿入圆柱模具完成。

8 将石蜡倒入量杯后，放在电热炉上加热，使石蜡熔化，为蜡液（注：熔蜡可参考P.29）。

9 将蜡液静置在旁，待温度降至90℃，倒入圆柱模具中。

10 将烛芯穿入烛芯固定器，使烛芯固定在中央。

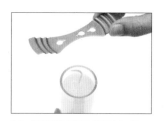

11 将圆柱模具静置在旁，待蜡液稍微凝固后，取出烛芯固定器（注：凝固出约0.5厘米厚的蜡壁）。

12 将未凝固的蜡液倒入量杯中。

13 如图，0.5厘米厚的蜡壁凝固完成。

14 以小锥子蘸取蓝色液体色素后，再放入量杯中。

15 将倒出的蜡液与蓝色液体色素搅拌均匀。

16 如图，倒出的蜡液与蓝色液体色素搅拌完成，为蓝色蜡液。

17 将蓝色蜡液加热至85℃，倒入圆柱模具中。

18 以竹筷刮下凝固的蜡壁，使蓝色蜡液透出在圆柱模具壁上。

19 如图，蓝色蜡液透出圆柱模具壁上完成。

20 将未凝固的蓝色蜡液倒入量杯中。

21 以竹筷沾取金箔后，放入圆柱模具中。

22 将竹筷压在圆柱模具内壁，使金箔透出并贴在圆柱模具壁上。

23 如图，金箔透出圆柱模具壁上完成。

24 重复步骤14～15，蘸取紫色液体色素并搅拌，即完成紫色蜡液。

25 将紫色蜡液加热至80℃，倒入圆柱模具中（注：不用全部倒入）。

26 重复步骤18，使紫色蜡液透出在圆柱模具壁上。

27 如图，紫色蜡液透出圆柱模具壁上完成。

28 将量杯放在竹筷下方，以热风枪吹熔凝固在竹筷上的紫色蜡液。

29 将紫色蜡液倒入圆柱模具中。

30 将烛芯穿入烛芯固定器，使烛芯固定在中央后，将圆柱模具静置在旁，待蜡液冷却凝固。

31 待蜡液冷却凝固后，取出烛芯固定器，并取下底部的封口黏土。

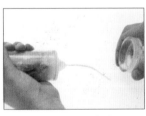

32 将圆柱模具的底座取下。

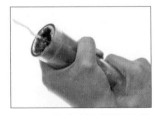

33 用手轻轻按压铝制柱状模具侧边，以松动凝固的蜡。

34 从圆柱模具中取出凝固的蜡，为蜡烛主体。

35 以剪刀修剪蜡烛主体底部烛芯（注：无须保留任何长度）。

36 以刀片切平蜡烛主体底部。

37 将蜡烛主体底部切面放入加热的量杯中，以热度将蜡熔化至平整。

38 用手将烛芯打结（注：欲点燃蜡烛时，将结解开，并将烛芯修剪至1厘米即可）。

39 如图，土耳其蜡烛完成。

小 贴 士

- 两次调色的时间需掌控好，若时间过久，圆柱模具内壁凝固的蜡过硬，将不容易刮薄。
- 金箔不容易显现，需利用竹筷辅助，借力贴压才会出现效果。
- 使用竹筷刮蜡壁时，会搅动到蜡液，要注意搅动尽量轻柔，避免过度用力而产生气泡。
- 如何产生纹路、如何让不同颜色展现出来，刚开始都不容易掌握，多尝试几次会更好拿捏，并做出理想的效果。

宝石蜡烛

GEMSTONE CANDLE

———————— 难易度 ★★☆☆☆ ————————

　　曾经有一段时间，因为要帮个案做能量疗愈，所以我沉浸在水晶矿石的世界里。水晶矿石有着独特的能量与魅力，大地创作出来的宝石，每一颗都是独一无二的。宝石蜡烛要等到做好后，我们才会知道它完整的样貌，如同水晶，每一颗都是独一无二的。

流程
▸ 熔蜡
▸ 90℃调色
▸ 倒入蜡
▸ 待蜡稍微凝固
▸ 捏蜡
▸ 穿烛芯
▸ 待蜡冷却凝固

工具
① 电热炉　⑦ 小锥子
② 电子秤　⑧ 硅胶浅盘 1 个
③ 温度枪　⑨ 平板硅胶模具 3 个
④ 搅拌棒　⑩ 镊子
⑤ 量杯　　⑪ 刀片
⑥ 剪刀

材料
① 石蜡（140）60 克
② 带底座的无烟烛芯（2号）1个
③ 液体色素（粉红、紫、黑）
④ 金箔

步骤

1 将石蜡倒入量杯中后，放在电热炉上加热，使石蜡熔化（注：熔蜡可参考P.29）。

2 将20克熔化的石蜡倒入量杯中，将量杯静置在旁，待石蜡温度降至90℃。

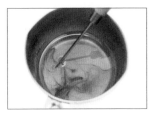

3 以小锥子蘸取粉红色液体色素，放入量杯中，并搅拌均匀，为粉红色蜡液。

4 将粉红色蜡液倒入平板硅胶模具中。

5 将平板硅胶模具静置在旁，待粉红色蜡液稍微凝固。

6 重复步骤2~3，蘸取紫色液体色素并搅拌，即完成紫色蜡液。

7 将紫色蜡液倒入平板硅胶模具中。

8 将平板硅胶模具静置在旁，待紫色蜡液稍微凝固。

9 重复步骤2~5，完成黑色蜡液，并放置在旁稍微凝固。

10 从平板硅胶模具取出稍微凝固的粉红色蜡片，为粉红色石蜡。

11 将粉红色石蜡放在硅胶浅盘上，备用。

12 重复步骤10，将稍微凝固的紫色蜡片取出，为紫色石蜡。

13 重复步骤10，将稍微凝固的黑色蜡片取出，为黑色石蜡。

14 以剪刀将粉红色石蜡修剪成两块。

15 重复步骤14，将紫色石蜡修剪成两块。

16 重复步骤14，将黑色石蜡修剪成两块。

17 用手捏平任一块粉红色石蜡。

18 重复步骤17，捏平任一块紫色石蜡。

19 重复步骤17，捏平任一块黑色石蜡。

20 将捏平的紫色石蜡放在捏平的粉红色石蜡上，用手压紧，使其紧密贴合。

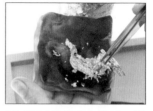

21 以镊子夹取金箔后，放在捏平的紫色石蜡上（注：不建议用手直接拿取金箔，避免金箔粘在手上而无法使用）。

22 将捏平的黑色石蜡盖在金箔上，用手压紧，使其紧密贴合，为蜡烛主体。

23 用手将蜡烛主体捏紧成一团。

24 以刀片在蜡烛主体上任意切出平面。

25 如图，切割蜡烛主体完成。

26 将小锥子以90°角刺入蜡烛主体中央，并穿出孔洞。

27 将带底座的无烟烛芯穿入孔洞中，即完成烛芯。

28 以小锥子为辅助，将烛芯绕出三个圆圈，使烛芯更美观。

29 以剪刀修剪过长的烛芯（注：欲点燃蜡烛时，将结解开，并将烛芯修剪至1厘米即可）。

30 如图，宝石蜡烛完成（注：重复步骤17~29，可完成第二颗宝石蜡烛）。

小 贴 士

◆ 所有的步骤都需在蜡尚有余温和弹性时完成，所以需注意调色速度。

◆ 若时间过久造成蜡过硬，导致不好操作时，可用热风枪稍微吹热，使蜡恢复弹性后再继续制作。

◆ 若蜡已凝固，无法顺利穿孔时，可用热风枪吹热小锥子后，再穿过蜡烛。

永生花金箔水晶球
CRYSTAL BALL CANDLE

难易度 ★★★★★

这是在脱模的瞬间，大家都必定会惊呼的一款作品。在授课时我最享受的，就是看到学员们在脱模时无法置信这个美丽成品是出自自己之手时的表情。

流程

▸ 修剪永生花
▸ 熔蜡
▸ 100℃倒入模具
▸ 倒出
▸ 90℃倒入模具
▸ 90℃调色后倒入模具
▸ 90℃倒入模具
▸ 90℃调色后倒入模具
▸ 90℃调色后倒入模具
▸ 待蜡冷却凝固
▸ 脱模

工具

① 电热炉　　⑦ 镊子　　　⑪ 手套
② 电子秤　　⑧ 小锥子　　⑫ 热风枪
③ 温度枪　　⑨ 不锈钢容器 1个
④ 搅拌棒　　⑩ 直径8厘米的球
⑤ 量杯　　　　体模具 1个
⑥ 剪刀

材料

① 果冻硬蜡（SHP）250克　③ 永生花
② 液体色素（黑）　　　　④ 玫瑰金金箔

步骤

1 以剪刀将永生花修剪成小朵。

2 重复步骤1，以剪刀将其他颜色的永生花修剪成小朵。

3 如图，小朵永生花修剪完成，备用。

4 以剪刀将小雏菊永生花修剪成小朵。

5 如图，小朵小雏菊修剪完成，备用。

6 以热风枪吹热球体模具下半部（注：可戴手套防止烫伤）。

7 将熔化的果冻硬蜡（100℃）倒入吹热的球体模具下半部，静置在旁，为蜡液（注：静置时间约1分钟，熔蜡可参考P.29）。

8 将2/3的蜡液倒回不锈钢容器中。

9 以镊子夹取小朵永生花，压入蜡液中。

10 如图，第一朵永生花压入蜡液中完成。

11 重复步骤9，将第二朵永生花压入蜡液中。

12 重复步骤9，依序压入永生花（注：可依个人喜好决定摆放位置与数量）。

13 将镊子取出后，用手取下镊子上凝固的蜡液。

14 重复步骤9～13，完成放入永生花（注：若蜡液稍微凝固就停止放入永生花）。

15 如图，永生花放入完成，为水晶球第一层。

16 将蜡液温度降至90℃，倒满球体模具下半部（注：温度不可过高，否则会将水晶球第一层蜡熔化）。

17 如图，蜡液倒入完成（注：因植物有毛细孔，所以产生气泡为正常现象，可用镊子戳破气泡）。

18 重复步骤9，将小朵永生花压入蜡液中。

19 重复步骤9～13，完成第二层永生花的放入。

20 以热风枪吹破表面的气泡，静置在旁，待蜡液稍微凝固（注：少量气泡可以用镊子戳破）。

21 将球体模具上半部盖上。

22 以镊子将金箔放入蜡液中一起加热，为玫瑰金蜡液（注：可依个人喜好决定是否放入金箔）。

23 以热风枪吹热球体模具（注：可戴手套防止烫伤）。

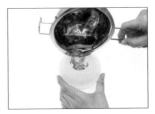

24 待玫瑰金蜡液温度降至90℃，将一部分玫瑰金蜡液倒入球体模具。

25 用手转动球体模具，使玫瑰金蜡液均匀黏附在球体模具上半部内侧。

26 将玫瑰金蜡液继续倒入至球体模具上半部的1/3。

27 如图，玫瑰金蜡液倒入完成。

28 重复步骤9~13，完成第三层永生花的放入。

29 以小锥子蘸取黑色液体色素，然后放入玫瑰金蜡液中（注：蘸取少量黑色液体色素）。

30 以搅拌棒将黑色液体色素与玫瑰金蜡液搅拌均匀，为灰色蜡液。

31 将灰色蜡液倒入至球体模具上半部的2/3。

32 将球体模具静置在旁，待蜡液稍微凝固。

33 以小锥子蘸取黑色液体色素，然后放入玫瑰金蜡液中搅拌均匀，为黑色蜡液（注：比上一层的颜色再深一些，形成渐层效果）。

34 将黑色蜡液全部倒入球体模具中。

35 将球体模具静置在旁，待蜡液冷却凝固。

36 用手取下球体模具上半部。

37 如图，球体模具上半部取下完成。

38 用手取下球体模具下半部。

39 如图，永生花金箔水晶球完成（注：此蜡烛建议观赏用，不适合燃烧，容易产生异味）。

小贴士

◆ 水晶球的制作过程较复杂，若要做出晶莹剔透又赏心悦目的作品，就跟着书中的步骤操作，并多加练习。如何摆放植物花朵、如何调出合适的颜色，几次后就会有心得。

◆ 需注意的是，在选择加入到球体内的素材时，要考虑当热蜡倒入模具后，素材是否会褪色、是否耐高温。水晶球这个作品有适度的气泡，能让作品更具生命力。而素材本身的毛细孔会产生气泡，毛细孔越多，气泡也会越多。只要将模具表面充分吹热，球体表面平滑且晶莹剔透，就能做出好看的作品。

◆ 纸杯的涂层或木棒屑有可能会渗出并使蜡变混浊，不建议使用这类材质做工具。

◆ 熔蜡时尽量不搅拌蜡、将蜡倒入模具时，以低角度倒入，即可减少气泡产生。

◆ 因为蜡材的特性，水晶球在久放后会变形扁塌，所以保存的时间不会像其他材质作品一样那么久，时间长短视保存方式而定。作品完成后尽量放在干燥阴凉处，可以延长保存的时间。

◆ 倒入第二层与第三层蜡的时候要注意温度，蜡的温度若太高，会将上一层蜡熔化，原本已安置好的干燥花或植物，会因为蜡熔化而移位。

◆ 制作蜡烛时模具是上下颠倒的，从水晶球的顶部开始制作，脱模之后，球体会180°倒转过来，因此摆放干燥花或植物的时候，要考虑到球体倒转后，会以什么面貌呈现。

◆ 建议使用镊子夹取金箔，避免因金箔粘在手上，而无法使用。

几何蜡烛

GEOMETRIC CANDLE

———— 难易度 ★★☆☆☆ ————

搭配室内的设计，或将喜欢的色彩搭配在一起，再配上几何线条，效果非常好。不过几何容器蜡烛看似简单，要做出完美的成品还是有一定难度的。制作这款蜡烛，蜡材的选择和温度的掌控最关键。

流程

▶ 贴烛芯
▶ 熔蜡
▶ 72～76℃调色
▶ 70～75℃加入香精油
▶ 70℃倒入模具
▶ 待蜡冷却凝固
▶ 70～75℃加入香精油

▶ 68℃倒入模具
▶ 待蜡冷却凝固
▶ 72～76℃调色
▶ 70～75℃加入香精油
▶ 68℃倒入模具
▶ 待蜡冷却凝固

工具

① 电热炉
② 电子秤
③ 温度枪
④ 搅拌棒

⑤ 量杯
⑥ 剪刀
⑦ 竹扦
⑧ 不锈钢容器

⑨ 200毫升玻璃容器 1个
⑩ 烛芯固定器
⑪ 纸

材料

① 大豆蜡（Golden 464）160克
② 白蜂蜡 40克
③ 带底座的过蜡棉芯（4号）1个
④ 液体色素（象牙白、咖啡）

⑤ 香精油 10.4克
⑥ 烛芯贴 1个

步骤

1 将带底座的过蜡棉芯放在烛芯贴上，用手按压底座，粘好。

2 用手剥开烛芯贴与底纸，使烛芯贴与底纸剥离。

3 将烛芯放入玻璃容器中央，以搅拌棒按压烛芯底座，以加强固定，备用。

4 将大豆蜡倒入不锈钢容器中，倒入白蜂蜡。

5 如图，白蜂蜡倒入完成。

6 将大豆蜡与白蜂蜡一起熔化，为蜡液（注：熔蜡可参考P.29）。

7 将77克蜡液倒入量杯中。

8 将量杯静置在旁，待蜡液温度降至72～76℃后，以竹扦蘸取象牙白色液体色素放入蜡液中，并搅拌均匀，为象牙白蜡液。

9 以竹扦蘸取象牙白蜡液滴在纸上试色（注：蜡液态时颜色较深，蜡凝固后颜色较浅，可依个人喜好调整颜色）。

10 待象牙白蜡液温度降至70~75℃，加入4克香精油，并搅拌均匀，备用。

11 以物品为辅助工具，将玻璃容器倾斜摆放（注：为了做出几何特色，需将容器倾斜摆放）。

12 待象牙白蜡液温度降至70℃后，倒入玻璃容器中。

13 将烛芯穿入烛芯固定器，使烛芯固定在中央，静置在旁，待象牙白蜡液冷却凝固。

14 将45克蜡液倒入量杯中。

15 将量杯静置在旁，待蜡液温度降至70~75℃，加入2.4克香精油，并搅拌均匀。

16 用手取下烛芯固定器。

17 待蜡液温度降至68℃后，倒入玻璃容器中。

18 如图，蜡液倒入完成。

19 用手调整玻璃容器，使蜡液表面与凝固的蜡表面保持平行。

20 将烛芯穿入烛芯固定器，使烛芯固定在中央，静置在旁，待蜡液冷却凝固。

21 取出烛芯固定器，将玻璃容器摆正。

22 待蜡液温度降至72~76℃，以搅拌棒蘸取咖啡色液体色素放入蜡液中，并搅拌均匀，为咖啡色蜡液。

23 以搅拌棒蘸取咖啡色蜡液滴在纸上试色。

24 将不锈钢容器静置在旁，待咖啡色蜡液温度降至70~75℃，加入4克香精油，并搅拌均匀。

25 待咖啡色蜡液温度降至68℃后，倒入玻璃容器中。

26 将烛芯穿过烛芯固定器中央后，静置在旁，待咖啡色蜡液冷却凝固后，取出烛芯固定器，并以剪刀修剪烛芯（注：需保留约1厘米的长度）。

27 如图，几何蜡烛完成。

小 贴 士

- 为了减少霜膜、雾状（Wet Spot）或表面凹凸不平的情况产生，这个作品加入了少许蜜蜡。完成的作品会呈现较光亮平滑的表面，若不想准备过多不同种类的蜡，也可以只用大豆蜡。
- 倒入的速度不可过慢，否则会因温差产生明显的条纹。
- 需注意吹热容器的时间，过长会让原本已凝固的蜡熔化，倒入下一层蜡液时两色会混色。

贝壳蜡烛

SCALLOP CANDLE

————| 难易度 ★★☆☆☆ |————

　　PC材质的模具种类很多，我选择这款可以用耳钉做装饰的贝壳模具让大家了解，可以利用手边不会再用到的素材来为自己的作品加分。尝试用不同的调色做出不同感觉的贝壳蜡烛，或选择不同的模具，用同样的制作流程，做出各种不同的蜡烛吧。

流程

▶ 贴烛芯
▶ 组装模具
▶ 熔蜡
▶ 90～95℃调色
▶ 75～78℃加入香精油
▶ 调香后倒入模具
▶ 放烛芯
▶ 待蜡冷却凝固

工具

① 电热炉　⑥ 剪刀　⑪ 不锈钢容器 1个
② 电子秤　⑦ 刀片　⑫ 烛芯固定器
③ 温度枪　⑧ 封口黏土　⑬ 纸
④ 搅拌棒　⑨ 粗、细橡皮筋 各2条
⑤ 量杯　⑩ 贝壳模具 1个

材料

① 大豆蜡（柱状用）104克　④ 固体色素（粉红、桃红）
② 白蜂蜡52克　⑤ 珍珠装饰（耳钉等）
③ 纯棉棉芯（4号）1根　⑥ 香精油8克

步骤

1 将纯棉棉芯放在贝壳模具侧边，以确定长度。

2 以剪刀修剪纯棉棉芯，为烛芯（注：长度为贝壳模具短边总长度再加10厘米）。

3 将烛芯放在其中一半贝壳模具中央的凹槽处，盖上贝壳模具另一半，并以粗橡皮筋固定上侧。

4 以粗橡皮筋固定贝壳模具下侧。

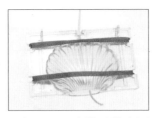

5 如图，贝壳模具横向固定完成。

6 以细橡皮筋固定贝壳模具右侧。

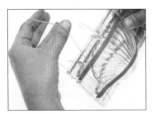

7 重复步骤6，完成贝壳模具左侧固定。

8 如图，贝壳模具纵向固定完成。

9 将封口黏土贴在贝壳模具上侧孔洞，以固定烛芯（注：需保留四五厘米的烛芯在模具外）。

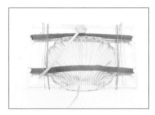

10 如图，贝壳模具组装完成，备用。

11 将大豆蜡倒入不锈钢容器中，倒入白蜂蜡，并加热熔化，为蜡液（注：熔蜡可参考P.29）。

12 以刀片在纸上刮出粉红色固体色素（注：刮下越多，颜色越深，可依个人喜好调整颜色深浅）。

13 将不锈钢容器静置在旁，待蜡液温度降至90~95℃，以搅拌棒将粉红色固体色素放入蜡液中。

14 以搅拌棒将蜡液和粉红色固体色素搅拌均匀，为粉红色蜡液。

15 以搅拌棒蘸取粉红色蜡液滴在纸上试色（注：蜡液态时颜色较深，蜡凝固后颜色较浅，可依个人喜好调整颜色）。

16 如图，第一次调色完成。

17 以刀片在纸上刮出桃红色固体色素（注：可依个人喜好调整颜色深浅）。

18 待粉红色蜡液温度降至90~95℃，以搅拌棒将桃红色固体色素放入粉红色蜡液中。

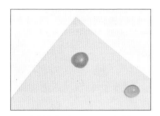

19 搅拌均匀后，以搅拌棒蘸取粉红色蜡液滴在纸上试色。

20 如图，调色完成，为桃红色蜡液。

21 待桃红色蜡液温度降至75~78℃后，加入香精油。

22 以搅拌棒将香精油与桃红色蜡液搅拌均匀。

23 将桃红色蜡液倒入贝壳模具中。

24 将烛芯穿入烛芯固定器，使烛芯固定在中央。

25 将贝壳模具静置在旁，待桃红色蜡液冷却凝固。

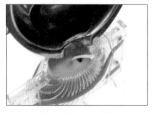

26 取出烛芯固定器，将剩余的桃红色蜡液倒入贝壳模具中，以填补孔洞（注：蜡烛尺寸越大，越容易在凝固时产生孔洞，可多熔一些蜡液备用）。

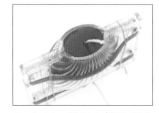

27 如图，桃红色蜡液倒入完成。

28 待桃红色蜡液冷却凝固后，取下任一侧细橡皮筋。

29 重复步骤28，将另一侧细橡皮筋取下。

30 用手取下下侧的粗橡皮筋。

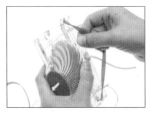

31 重复步骤30，将上侧粗橡皮筋取下。

32 用手取下封口黏土。

33 打开贝壳模具，将凝固的桃红色蜡取出，为蜡烛主体。

34 如图，蜡烛主体取出完成。

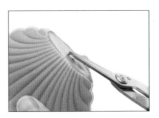

35 以剪刀修剪蜡烛主体底部烛芯（注：无须保留任何长度）。

36 用手将烛芯打结（注：欲点燃蜡烛时，将结解开，并将烛芯修剪至1厘米即可）。

37 将珍珠饰品插入蜡烛主体中（注：可依个人喜好决定插入位置）。

38 重复步骤37，完成共三个珍珠饰品插入。

39 如图，贝壳蜡烛完成。

小 贴 士

✦ 固体色素在完全溶解前较难以分辨颜色，建议少量逐次加入。在完全溶解后，可通过试色的方式确认蜡液凝固后的颜色。

✦ 运用各种配件或饰品来做装饰，能让作品更美观，需注意配件或饰品遇热后，是否会燃烧而造成危险。

蜡烛的变化非常多，能够制成的作品多元丰富。这单元将使用各种不同的材料来制作蜡烛，让我们来启动五感，用不同的角度来欣赏并与蜡烛产生互动吧。

美味—味觉 Appetizer-Taste

利用蜡也能做出以假乱真的食物蜡烛。如果不是插了一根烛芯，很多人第一眼都会误认为它们是可以吃的食物。想要做出好看的蜡烛，可以多参考真正食物是如何装饰的，无论是鸡尾酒、冰淇淋，还是甜点，网络上都能找到很多具有特色的作品。先熟悉基本的做法，接着就可以延伸出更多属于自己个性的作品了。

香氛—嗅觉 Fragrance-Smell

咖啡厅与书店这两个场所，是我充电的地方。每次只要走入店内，扑鼻而来的咖啡香或书店散发出的特有气味，总是能够让我原本嘈杂的脑袋瞬间安定下来。气味能直接触动到我们掌管情绪的脑部边缘系统，所以选择对的香氛，不只能够安抚情绪并得到暂时的平静，还能够协助我们转化情绪。这个单元的作品我不过度装饰，尽量保留蜡烛或素材的原貌。让我们放下绚丽的外表，单纯享受素材的天然和其特有的气味。

温度—触觉 Warmth-Touch

蜡、精油、基底油这三种的比例要如何调配，擦在皮肤上才不会有负担？制作精油按摩蜡烛的重点，除了温度，就是比例的调配了。精油调配是门学问，对于精油不熟悉的人，直接购买有信誉厂家制作的复方精油，或请专业芳疗师针对自身问题来调配精油都是不错的选择。本单元我使用了复方精油、芳疗师调制的精油，以及精油入门款的单方薰衣草精油来制作蜡烛，大家可以找出最适合自己的配方来制作。与香精油蜡烛相比，虽然使用天然精油成本较高，但还是会比购买成品划算。

安定—听觉 Serenity-Hearing

某一个安静的夜晚，我拿起一本书，点上蜡烛阅读。记得那是一个冬天，宁静的夜晚听得到蜡烛偶尔发出的"啪啪"声，那时我第一次知道，原来蜡烛是可以听的……

美感—视觉 Aesthetics-Sight

在写稿时，我惊觉自己选择了两款在没燃烧使用时并不起眼的作品，而它们偏偏又都被安排在美感视觉的分类中，这是一个很有趣的现象。我喜欢能够带给人悸动的作品，无论是在制作或是成品表现上，能够让自己心脏有那么一刻喜悦的小跳动，那种美妙的感觉是手作带给我们的礼物之一。

鸡尾酒蜡烛

COCKTAIL CANDLE

———— 难易度 ★★☆☆☆ ————

除了温度的掌控外，配色和容器的挑选是能为这个作品加分的关键。

工具 ————————

① 电热炉　④ 搅拌棒　⑦ 小锥子　⑩ 剪刀

② 电子秤　⑤ 量杯　⑧ 玻璃容器 1 个　⑪ 搅拌棒

③ 温度枪　⑥ 刀片　⑨ 镊子

材料 ————————

① 果冻硬蜡（HP）70克　③ 固体色素（白）　⑤ 装饰叶子

② 果冻软蜡（MP）160克　④ 液体色素（红）　⑥ 果干

步骤

1 以刀片在纸上刮出白色固体色素。

2 将白色固体色素倒入熔化的果冻硬蜡（60克）中（注：熔蜡可参考P.29）。

3 以搅拌棒将熔化的果冻蜡和白色固体色素搅拌均匀，为白色蜡液。

4 将白色蜡液静置在旁，待白色蜡冷却凝固后，从量杯中取出凝固的白色蜡液，为白色果冻硬蜡。

5 以剪刀将白色果冻硬蜡剪成小块。

6 重复步骤5，完成白色果冻硬蜡修剪，为果冻冰块，备用。

7 用手将未熔化的果冻硬蜡（10克）掰成小块。

8 重复步骤7，完成果冻硬蜡掰碎，为碎冰，备用。

9 将果冻软蜡倒入量杯中，加热熔化，为蜡液（注：熔蜡可参考P.29）。

10 将100克蜡液倒入量杯中，并静置在旁，待温度降至95℃后，以小锥子蘸取红色液体色素，并放入蜡液中。

11 将蜡液和红色液体色素搅拌均匀，为红色蜡液。

12 将量杯静置在旁，待红色蜡液温度降至85～90℃，倒入玻璃容器中（注：倒入至玻璃容器的1/2处）。

13 如图，红色蜡液倒入完成。

14 将60克蜡液倒入剩余的红色蜡液中。

15 以搅拌棒将蜡液和红色液体色素搅拌均匀，为粉红色蜡液（注：可通过搅拌制造出气泡，做出鸡尾酒的气泡感）。

16 搅拌至充满气泡后，将量杯静置在旁，待温度降至80～85℃，倒入玻璃容器中。

17 用量杯将蜡液倒入玻璃容器中，蜡液不要沾到容器内壁（注：倒入至玻璃容器的2/3）。

18 如图，粉红色蜡液倒入完成，为鸡尾酒蜡液。

19 以镊子夹取果冻冰块压入鸡尾酒蜡液中。

20 重复步骤19，依序将果冻冰块压入鸡尾酒蜡液中（注：可依个人喜好决定冰块摆放数量）。

21 将剩余的粉红色蜡液倒入玻璃容器中。

22 如图，蜡液倒入完成。

23 重复步骤19，将果冻冰块压入鸡尾酒蜡液中（注：可加可不加）。

24 如图，果冻冰块放入完成。

25 以镊子夹下玻璃容器内壁上凝固的蜡液，使容器保持干净。

26 如图，玻璃容器清洁完成。

27 将装饰叶子插在鸡尾酒蜡液上。

28 以镊子夹取果干后，插在鸡尾酒蜡液上。

29 用手将碎冰放在鸡尾酒蜡液上后，待凝固（注：可依个人喜好决定放入数量）。

30 如图，鸡尾酒蜡烛完成（注：此蜡烛建议观赏用，不适合燃烧，容易产生异味）。

小 贴 士

◆ 需等到温度降至50℃左右时，再插入烛芯，以免过热导致蜡烛芯熔化。

◆ 选择玻璃容器时要注意容器的耐热度，避免因为温度过高而爆裂。

◆ 果冻蜡的表面降温速度快，在第二次倒蜡前，若发现玻璃容器内的蜡表面已经凝固不流动，可以用热风枪稍微吹一下表面，待蜡熔化有流动感后，再倒入第二色蜡液，可降低两色蜡液难以混合或产生明显分界的概率。

◆ 若希望两色蜡液混合得更自然，可以用搅拌棒或药勺为辅助，使分界线消失。

冰淇淋蜡烛

ICE CREAM CANDLE

难易度 ★★☆☆☆

以大豆蜡为主的作品，是完全可以点燃的植物蜡蜡烛。冰淇淋蜡烛做法简单而且有趣，挑选一个耐热好看的容器、搭配冰淇淋颜色和水果装饰，就能做出看起来美味又可口的冰淇淋蜡烛。这个作品很适合送礼，或和小朋友一起制作。

流程

▸ 熔蜡

▸ 90℃调第一色

▸ 调色后加入香精油

▸ 85～90℃倒入模具

▸ 待蜡冷却凝固

▸ 脱模

▸ 熔蜡后调第二色

▸ 78℃加入香精油

▸ 穿烛芯

▸ 待蜡冷却凝固

工具

① 电热炉　④ 搅拌棒　⑦ 竹扦　⑩ 饼干模具

② 电子秤　⑤ 量杯　⑧ 试色碟　⑪ 硅胶浅盘

③ 温度枪　⑥ 小锥子　⑨ 冰淇淋勺

材料

① 大豆蜡（柱状用）120克　⑤ 液体色素（黄、粉红、咖啡）

② 石蜡（150）27克　⑥ 香精油6克

③ 硬脂酸2小匙　⑦ 烛芯贴1个

④ 带底座的无烟烛芯（3号）1个

步骤

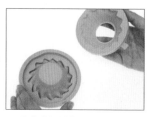

1 拿起饼干模具上半部。

2 将饼干模具上下两部分组装好，备用。

3 将石蜡倒入量杯，加入硬脂酸，加热熔化，为蜡液（注：熔蜡可参考P.29）。

4 以竹扦蘸取咖啡色液体色素，然后放入蜡液中。

5 以搅拌棒将蜡液和咖啡色液体色素搅拌均匀，为咖啡色蜡液。

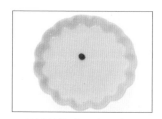

6 以搅拌棒蘸取咖啡色蜡液滴在试色碟上试色（注：蜡液态时颜色较深，蜡凝固后颜色较浅，可依个人喜好调整颜色）。

7 将量杯静置在旁，待咖啡色蜡液温度降至85～90℃，倒入饼干模具中。

8 将饼干模具静置在旁，待咖啡色蜡液冷却凝固后，打开饼干模具上半部。

9 从饼干模具下半部取出凝固的咖啡色蜡液，为饼干壳。

10 如图，饼干壳完成。

11 将带底座的无烟烛芯粘上烛芯贴后，再压放在饼干壳正中央（注：粘烛芯贴可参考P.42）。

12 用手按压烛芯底座，使烛芯和饼干壳粘紧，为饼干壳容器，备用。

13 将大豆蜡加热熔化，将熔化的大豆蜡（60克）倒入量杯中，并以竹扦蘸取黄色液体色素（注：熔蜡可参考P.29）。

14 将竹扦放入量杯中，以搅拌棒搅拌均匀，为黄色蜡液。

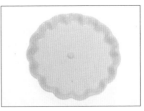

15 以搅拌棒蘸取黄色蜡液滴在试色碟上试色（注：蜡液态时颜色较深，蜡凝固后颜色较浅，可依个人喜好调整颜色）。

16 将量杯静置在旁，待黄色蜡液温度降至78℃，加入3克香精油。

17 以搅拌棒将黄色蜡液和香精油搅拌均匀后，静置在旁，待蜡稍微凝固。

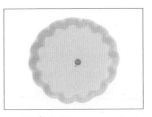

18 重复步骤13～15，加入粉红色液体色素，完成粉红色蜡液。

19 重复步骤16～17，往粉红色蜡液加入3克香精油，静置在旁，待蜡液稍微凝固。

20 以搅拌棒将稍微凝固的粉红色蜡液搅拌成浓稠状。

21 重复步骤20，将黄色蜡液搅拌成浓稠状。

22 以搅拌棒将黄色浓稠状蜡液放入粉红色浓稠状蜡液中。

23 重复步骤22，完成黄色浓稠状蜡液放入，为冰淇淋蜡（注：不用搅拌均匀，可保有两种颜色的蜡）。

24 以冰淇淋勺挖取冰淇淋蜡。

25 重复步骤24，将冰淇淋蜡填满冰淇淋勺。

26 将冰淇淋勺放在硅胶浅盘上。

27 用手不断按压冰淇淋勺的把手，使球形冰淇淋蜡脱落在硅胶浅盘上。

28 重复步骤27，使球形冰淇淋蜡完整脱落在硅胶浅盘上。

29 将小锥子以90°角刺入球形冰淇淋蜡中央。

30 用手拿起球形冰淇淋蜡（注：不可过度用力，否则蜡会变形）。

31 重复步骤29，将球形冰淇淋蜡戳出孔洞。

32 将烛芯穿入球形冰淇淋蜡的孔洞中，再将冰淇淋蜡放入饼干容器中。

33 如图，烛芯穿入完成。

34 以小锥子为辅助工具，将烛芯绕出圆圈。

35 重复步骤34，将烛芯绕出三个圆圈，使蜡烛更美观（注：欲点燃蜡烛时，将烛芯修剪至1厘米即可）。

36 如图，冰淇淋蜡烛完成。

小 贴 士

* 冰淇淋表面有些许纹路会看起来更真实，而纹路取决于使用冰淇淋勺挖起蜡时的浓稠度，多试几次就能掌握挖起蜡的最佳时机。

* 实际完成的蜡烛重量大约为50克，但为了在挖取时能有充分的蜡量可以塑形，建议准备多一点的蜡。

* 可以准备小模具，将剩下的蜡熔掉后，制作成造型用的点缀蜡（注：硅胶模具使用方法可参考P.33）。

甜点蜡烛
DESSERT CANDLE

难易度 ★★★☆☆

　　市面上可以买到各种不同形状的硅胶甜点模具，同样的做法，用不同的配色，搭配不同的
装饰，做出一系列的甜点蜡烛吧。

流程

▶ 熔蜡

▶ 75～80℃调第一色

▶ 75～78℃加入香精油

▶ 65～68℃倒入模具

▶ 熔蜡后调第二色

▶ 70～75℃淋面

▶ 穿烛芯和装饰

▶ 待蜡冷却凝固

工具

① 电热炉
② 电子秤
③ 温度枪
④ 搅拌棒

⑤ 量杯
⑥ 剪刀
⑦ 刀片
⑧ 小锥子

⑨ 镊子
⑩ 方形硅胶模具 1个
⑪ 热风枪

⑫ 架高底座
⑬ 盘子

材料

① 大豆蜡（柱状用）40克
② 果冻硬蜡（HP）30克
③ 带底座的无烟烛芯（3号）1个
④ 固体色素（白）
⑤ 液体色素（粉红）

⑥ 香精油 3克
⑦ 金色叶形装饰
⑧ 装饰用点缀蜡（蓝莓、红莓、白莓）
⑨ 金箔

步骤

1 将大豆蜡倒入量杯中，并加热熔化，为蜡液（注：熔蜡可参考P.29）。

2 将量杯静置在旁，待蜡液温度降至75～80℃，将粉红色液体色素滴入蜡液中。

3 以搅拌棒将蜡液和粉红色液体色素搅拌均匀，为粉红色蜡液。

4 将量杯静置在旁，待粉红色蜡液温度降至75～78℃，加入香精油。

5 以搅拌棒将粉红色蜡液和香精油搅拌均匀。

6 将量杯静置在旁，待粉红色蜡液温度降至65～68℃，倒入方形硅胶模具中。

7 将方形硅胶模具静置在旁，待粉红色蜡液稍微凝固。

8 将小锥子以90°角刺入稍微凝固的粉红色蜡液中央，以预留穿烛芯的位置。

9 将方形硅胶模具静置在旁，待粉红色蜡液冷却凝固后，从方形硅胶模具取出凝固的粉红色蜡液。

10 如图，凝固的粉红色蜡取出完成，为蛋糕主体。

11 以热风枪吹热小锥子，将小锥子垂直刺入蛋糕主体中央并穿过另一面。

12 如图，蛋糕主体穿孔完成。

13 先将架高底座放在盘子上，再将蛋糕主体放在底座上，备用。

14 以剪刀将果冻硬蜡剪成小块，放入量杯中。

15 将果冻硬蜡加热熔化，为果冻蜡液（注：熔蜡可参考P.29）。

16 取20克果冻蜡液倒入量杯中，并静置在旁，待温度降至75～78℃。

17 以小锥子蘸取粉红色液体色素后，放入果冻蜡液中。

18 以搅拌棒将果冻蜡液和粉红色液体色素搅拌均匀，为粉色蜡液（注：轻微搅动，以免产生气泡）。

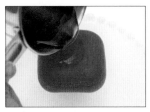

19 将粉色蜡液淋在蛋糕主体上，为淋面。

20 重复步骤19，完成蛋糕主体的淋面。

21 以剪刀修剪蛋糕主体下缘多余的淋面。

22 用手取下盘子上多余的淋面后，静置在旁，待淋面稍微凝固。

23 将小锥子垂直刺入蛋糕主体中预留的烛芯位置。

24 拿起蛋糕主体，将带底座的无烟烛芯穿入孔洞中，并用手按压烛芯底座，以加强固定。

25 如图，烛芯穿入蛋糕主体完成。

26 以小锥子为辅助工具，将烛芯缠绕出圆圈。

27 重复步骤26，将烛芯缠绕出三个圆圈（注：欲点燃蜡烛时，将烛芯修剪至1厘米即可）。

28 以剪刀修剪过长的烛芯。

29 以刀片在纸上刮出白色固体色素。

30 将10克果冻蜡倒入量杯，加热至熔化，以搅拌棒将白色固体色素倒入量杯中（注：熔蜡可参考P.29）。

31 以搅拌棒将熔化的果冻蜡和白色固体色素搅拌均匀，为白色蜡液（注：轻微搅动，以免产生气泡）。

32 以搅拌棒确认白色蜡液冷却至浓稠可牵丝的状态。

33 将白色蜡液淋在蛋糕主体上，为丝线。

34 重复步骤33，为蛋糕主体淋上丝线（注：可依个人喜好调整位置）。

35 以剪刀修剪过长的丝线。

36 以热风枪吹热蛋糕主体表面，使淋面稍微熔化。

37 将蓝莓放在淋面上（注：制作过程可参考硅胶模具使用方法P.33）。

38 重复步骤37，摆放好红莓和白莓。

39 以热风枪吹热金色叶形装饰下半部（注：小心烫伤，可戴手套操作）。

40 将金色叶形装饰插入蛋糕主体上。

41 以镊子夹取金箔后，放在淋面上（注：可依个人喜好决定摆放位置和数量）。

42 如图，甜点蜡烛完成。

- 以热风枪吹热小锥子，可使小锥子更容易插入蜡烛中，也可以插出较完整的孔洞。

- 在蜡液稍微凝固时，用小锥子垂直刺出孔洞，待蜡液完全凝固后，孔洞可能会因为蜡的特性而消失，此时可以再重新将小锥子垂直刺入蜡烛中，以戳出孔洞。

- 在熔化果冻蜡时，尽量不要搅拌，避免气泡产生。若要搅拌果冻蜡，可轻微搅动。

- 果冻蜡的表面降温速度快，在调色后，若发现果冻蜡的表面已经凝固不流动，可以用热风枪稍微吹一下表面，使果冻蜡稍微熔化后，再淋至蛋糕主体表面。

- 白色固体色素可以使用二氧化钛替代。

- 平常制作蜡烛时可以准备小模具，将剩余没用完的蜡熔化后，制作成造型用的点缀蜡（注：硅胶模具使用方法可参考P.33）。

- 在装饰时，先以热风枪吹热金色叶形装饰，可以让金色叶形装饰更容易插入蛋糕主体中，过程中可戴手套避免烫伤。

- 使用金箔时，需以镊子夹起，避免金箔粘在手上而无法使用。

果酱蜡烛

JAM CANDLE

———————————— 难易度 ★★★☆☆ ————————————

看着漂浮在罐子里的鲜艳水果，打开盖子就会散发出香甜的果香味，不用点燃就很治愈。

流程

▶ 贴烛芯 ▶ 脱模
▶ 熔蜡 ▶ 90~95℃倒入模具
▶ 85~90℃调色 ▶ 75~80℃放水果
▶ 调色后加入香精油 ▶ 80~85℃倒入模具
▶ 85℃倒入模具 ▶ 70℃放水果
▶ 待蜡冷却凝固 ▶ 待蜡冷却凝固

工具

① 电热炉 ⑥ 剪刀 ⑩ 不锈钢容器 1个
② 电子秤 ⑦ 小锥子 ⑪ 水果硅胶模具 1个
③ 温度枪 ⑧ 热风枪 ⑫ 竹扦
④ 搅拌棒 ⑨ 200毫升玻 ⑬ 试色碟
⑤ 量杯 璃容器 1个 ⑭ 烛芯固定器

材料

① 石蜡（150）40克 ③ 带底座的无烟烛芯（3号）2个 ⑤ 香精油 2克 ⑦ 果酱贴纸 1个
② 果冻软蜡（MP）120克 ④ 液体色素（红） ⑥ 烛芯贴 1个 ⑧ 麻绳 1根

步骤

1 将带底座的无烟烛芯粘上烛芯贴，放在玻璃容器中央（注：粘烛芯贴可参考P.42）。

2 以搅拌棒按压烛芯底座，以加强固定。

3 将石蜡倒入量杯中，放在电热炉上加热，使石蜡熔化（注：熔蜡可参考P.29）。

4 将熔化的石蜡温度降至85~90℃，以竹扦蘸取红色液体色素，放入熔化的石蜡中。

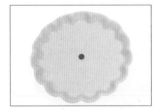

5 拌均匀后，以搅拌棒蘸取红色蜡液滴在试色碟上试色（注：蜡液态时颜色较深，蜡凝固后颜色较浅，可依个人喜好调整颜色）。

6 完成调色后，加入香精油，为深红色蜡液。

7 将深红色蜡液降温至85℃，以小锥子为辅助工具，将蜡液倒入水果硅胶模具中（注：参考P.33）。

8 将水果硅胶模具静置在旁，待蜡冷却凝固。

9 待蜡冷却凝固后，从水果硅胶模具中取出凝固的深红色蜡，为草莓。

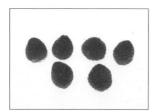

10 重复步骤9，取出六颗草莓，备用。

11 将果冻软蜡加热熔化，待温度达到100℃时，以小锥子蘸取红色液体色素，并放入果冻软蜡中（注：熔蜡可参考P.29）。

12 将果冻软蜡和红色液体色素搅拌均匀，为红色蜡液。

13 待红色蜡液温度降至95～100℃，倒入玻璃容器中（注：倒入至玻璃容器的1/4）。

14 用手转动玻璃容器，使红色蜡液均匀黏附在玻璃容器内壁上（注：转动两三圈）。

15 如图，红色蜡液黏附玻璃容器内壁完成。

16 待瓶内红色蜡液温度降至75～80℃，再将草莓压入红色蜡液中。

17 重复步骤16，共压入三颗草莓。

18 待剩余的红色蜡液温度降至80～85℃，倒入玻璃容器中。

19 以热风枪将凝固在不锈钢容器上的红色蜡液吹熔，然后倒入玻璃容器中。

20 将烛芯穿入烛芯固定器，使烛芯固定在中央，将玻璃容器静置在旁，待蜡液稍微凝固。

21 待蜡液稍微凝固后，取出烛芯固定器。

22 用手将草莓压入玻璃容器中（注：此时容器内蜡液温度约为70℃）。

23 重复步骤22，共压入三颗草莓。

24 以小锥子刮下玻璃容器内壁上凝固的红色蜡液后取出，使容器保持干净。

25 如图，内壁凝固的红色蜡液刮取完成。

26 以剪刀修剪烛芯（注：需保留约1厘米的长度）。

27 盖上盖子，将果酱贴纸与底纸剥离，并贴在玻璃容器上（注：可依个人喜好决定摆放位置）。

28 将麻绳缠绕玻璃容器和盖子交界处两圈后，以剪刀修剪过长的麻绳。

29 将麻绳打上蝴蝶结，以剪刀修剪多余的麻绳。

30 如图，果酱蜡烛完成（注：此蜡烛建议观赏用，不适合燃烧，容易产生异味）。

小 贴 士

- 选择玻璃容器时要注意容器的耐热度，避免因为温度过高而破裂。
- 贴烛芯前，将玻璃容器内的污垢和水渍都清理干净，否则会破坏成品的透明感。
- 在熔果冻蜡时，为了避免产生气泡，不建议搅拌果冻蜡。若要搅拌果冻蜡，可轻微搅动。
- 倒入容器时，以低角度倒入，避免产生气泡。

肉桂蜡烛

CINNAMON CANDLE

———┤ 难易度 ★★☆☆☆ ├———

　　当内心需要支持时，肉桂能带给我们力量，让僵化的情绪和能量得到舒缓及释放。肉桂蜡烛是我喜爱的作品之一，天然的素材加上香气，作品本身就一个很好的装饰品。

流程

▶ 穿烛芯
▶ 熔蜡
▶ 75～80℃加入香精油
▶ 68～75℃倒入模具
▶ 待蜡冷却凝固
▶ 脱模

工具

① 电热炉
② 电子秤
③ 温度枪
④ 搅拌棒
⑤ 量杯
⑥ 剪刀
⑦ 热风枪
⑧ 不锈钢容器
⑨ 直径8厘米、高10厘米的圆柱模具 1个
⑩ 封口黏土
⑪ 烛芯固定器
⑫ 镊子

材料

① 大豆蜡（柱状用）210克
② 纯棉棉芯（4号）1根
③ 香精油 5.5克
④ 肉桂棒
⑤ 果干

步骤

1 将纯棉棉芯穿入圆柱模具底座的孔洞中。

2 将纯棉棉芯穿过圆柱模具中。

3 组装圆柱模具与圆柱模具的底座。

4 以剪刀修剪纯棉棉芯，为烛芯（注：底部需留5厘米，上方需留5～10厘米）。

5 用手撕下封口黏土，贴在圆柱模具底部，备用。

6 取适量的肉桂和果干（注：可依个人喜好调整数量）。

7 将肉桂放在圆柱模具侧边以测量长度，以剪刀修剪肉桂（注：肉桂长度不超过烛芯）。

8 以剪刀修剪果干成三角形片状，备用（注：可依个人喜好决定数量）。

9 将大豆蜡倒入不锈钢容器中，加热熔化（注：熔蜡可参考P.29）。

10 将不锈钢容器静置在旁，待熔化的大豆蜡温度降至75~80℃，加入香精油。

11 以搅拌棒将熔化的大豆蜡与香精油搅拌均匀，为蜡液。

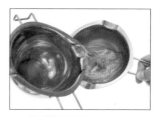

12 将蜡液倒入另一个不锈钢容器。

13 将蜡液再倒回不锈钢容器，使熔化的大豆蜡与香精油混合得更均匀。

14 将不锈钢容器静置在旁，待蜡液温度降至68℃，倒入圆柱模具中。

15 以热风枪吹熔圆柱模具内壁上凝固的蜡液，使圆柱模具内壁保持干净。

16 将烛芯穿入烛芯固定器，使烛芯固定在中央。

17 将圆柱模具静置在旁，待蜡液稍微凝固。

18 待蜡液稍微凝固后，取出烛芯固定器。

19 将肉桂贴着圆柱模具内壁放入圆柱模具中。

20 将肉桂压入稍微凝固的蜡液中。

21 以热风枪吹热圆柱模具中表面凝固的蜡液，使肉桂更容易压入。

22 重复步骤19～21，完成肉桂的插入（注：可依个人喜好调整数量和位置）。

23 以镊子将果干放入圆柱模具中，再插入稍微凝固的蜡液中。

24 完成肉桂和果干的插入后，将圆柱模具静置在旁，待蜡液冷却凝固，为蜡烛主体。

25 待蜡液冷却凝固后，取下底部的封口黏土。

26 取下圆柱模具的底座。

27 用手按压圆柱模具侧边，使蜡烛主体松动后，从圆柱模具中取出蜡烛主体。

28 以剪刀修剪蜡烛主体底部烛芯（注：无须保留任何长度）。

29 用手将烛芯打结（注：欲点燃蜡烛时，将结解开，并将烛芯修剪至1厘米即可）。

30 如图，肉桂蜡烛完成。

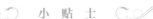

小 贴 士

• 若没有热风枪，可使用吹风机代替。

薰衣草蜡烛

LAVENDER CANDLE

——| 难易度 ★★★☆☆ |——

　　薰衣草能够稳定情绪和帮助睡眠的好名声早已广为人知。当我们需要集中精神或冷静下来时，天然的薰衣草会是一个很好的选择。另外，薰衣草是少有的适合用于猫和狗的香料，对于容易躁动、没有安全感的宠物，在他们平常会活动的范围内放置一把干燥的薰衣草，淡淡的香味就能达到安抚的效果。

流程

▸ 穿烛芯
▸ 熔蜡
▸ 68℃倒入纸杯
▸ 待蜡冷却凝固
▸ 脱模
▸ 放入模具
▸ 75~80℃加入香精油
▸ 68℃倒入模具
▸ 脱模

工具

① 电热炉
② 电子秤
③ 温度枪
④ 搅拌棒
⑤ 量杯
⑥ 剪刀
⑦ 纸杯
⑧ 不锈钢容器
⑨ 直径8厘米、高10厘米
　　的圆柱模具 1个
⑩ 封口黏土
⑪ 小锥子
⑫ 烛芯固定器
⑬ 热风枪
⑭ 镊子

材料

① 大豆蜡（柱状用）168克
② 白蜂蜡 42克
③ 纯棉棉芯（4号）1根
④ 香精油 5.5克
⑤ 薰衣草

步骤

1 将小锥子垂直戳入纸杯底部。

2 将纯棉棉芯放在纸杯侧边，以确定长度。

3 以剪刀修剪纯棉棉芯，为烛芯（注：长度为纸杯总长度再加10~15厘米）。

4 以小锥子为辅助工具，将烛芯穿入纸杯的孔洞中（注：穿烛芯可参考P.30）。

5 如图，烛芯穿入纸杯完成。

6 用手撕下封口黏土后，贴在纸杯底部。

7 用手按压封口黏土，以固定烛芯，为纸杯容器，备用（注：需保留四五厘米的烛芯在纸杯外）。

8 用手撕下封口黏土。

9 将封口黏土贴在圆柱模具底部，备用。

10 将大豆蜡倒入不锈钢容器中。

11 将白蜂蜡倒入不锈钢容器中。

12 将大豆蜡和白蜂蜡加热熔化，为蜡液（注：熔蜡可参考P.29）。

13 将蜡液静置在旁，待温度降至68℃，将其倒入纸杯容器中。

14 将烛芯穿入烛芯固定器，使烛芯固定在中央。

15 将纸杯静置在旁，待蜡液冷却凝固后，取出烛芯固定器。

16 如图，烛芯固定器取下完成。

17 取下底部的封口黏土。

18 如图，封口黏土取下完成。

19 以剪刀在纸杯边缘剪出开口。

20 用手从开口处撕下纸杯。

21 重复步骤20，从纸杯中取出凝固的蜡。

22 以剪刀修剪蜡烛较大那面的烛芯，为白色蜡烛主体，备用（注：无须保留任何长度）。

23 将白色蜡烛放入圆柱模具中，备用（注：可尝试使用大纸杯取代圆柱模具）。

24 将薰衣草放在圆柱模具侧边，测量长度后，以剪刀修剪薰衣草（注：薰衣草长度不超过烛芯）。

25 如图，薰衣草修剪完成。

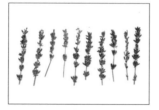

26 重复步骤24，完成10～20个薰衣草修剪（注：可依个人喜好决定摆放数量）。

27 以镊子夹取薰衣草，放在白色蜡烛四周。

28 重复步骤27，以白色蜡烛为中心，将薰衣草摆放在圆柱模具内侧。

29 将剩余的蜡液倒入量杯中。

30 将剩余的蜡液加热至75～80℃，加入香精油，并以搅拌棒搅拌均匀。

31 将量杯静置在旁，待蜡液温度降至68℃。

32 将蜡液倒入圆柱模具中（注：温度不可过高，以免熔化白色蜡烛）。

33 如图，蜡液倒入完成。

34 将圆柱模具静置在旁，待蜡液稍微凝固。

35 以镊子夹取薰衣草，插入稍微凝固的蜡液上。

36 重复步骤35，依序插入薰衣草（注：可依个人喜好调整数量）。

37 将圆柱模具静置在旁，待蜡液冷却凝固，为蜡烛主体。

38 取下圆柱模具的底座。

39 从圆柱模具中取出蜡烛主体。

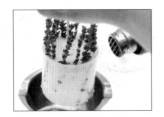

40 将蜡烛主体放在不锈钢容器上方，以热风枪吹熔侧边的蜡，使薰衣草露出表面。

41 用手将烛芯打结（注：欲点燃蜡烛时，将结解开，并将烛芯修剪至1厘米即可）。

42 如图，薰衣草蜡烛完成。

柠檬香蜂草蜡烛

LEMON BALM CANDLE

———┤ 难易度 ★★★☆☆ ├———

　　柠檬香蜂草散发着淡淡的柠檬香气，能够让人放松，解除忧郁紧绷的心情。刚开始学做蜡烛时，茶叶就是我想要与蜡烛结合的元素之一，若家中有过期但保存良好的茶叶，可以尝试做成蜡烛。

流程 ─────────────
▶ 贴烛芯
▶ 熔蜡
▶ 70~75℃加入柠檬香蜂草
▶ 煮三小时
▶ 60~65℃倒入模具
▶ 待蜡冷却凝固

工具 ─────────────
① 电热炉　　⑥ 剪刀
② 电子秤　　⑦ 筛网
③ 温度枪　　⑧ 玻璃容器 1个
④ 搅拌棒　　⑨ 不锈钢容器
⑤ 量杯　　　⑩ 烛芯固定器

材料 ─────────────
① 大豆蜡（C3）40克
② 带底座的无烟烛芯（3号）1个
③ 柠檬香蜂草 3克
④ 烛芯贴 1个

步骤

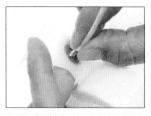

1 将带底座的无烟烛芯放在烛芯贴上，用手按压底座，粘好。

2 用手剥开烛芯贴与底纸，使烛芯贴与底纸剥离。

3 将烛芯放入玻璃容器中央。

4 以搅拌棒按压烛芯底座，以加强固定，备用。

5 将大豆蜡倒入不锈钢容器中。

6 将大豆蜡熔化后，静置在旁，待温度降至70~75℃（注：熔蜡可参考P.29）。

7 将柠檬香蜂草倒入不锈钢容器中。

8 将大豆蜡与柠檬香蜂草煮三小时，为蜡液（注：在煮的过程中，需随时注意温度，以免烧焦）。

9 如图，蜡液完成。

10 将筛网放在量杯上。

11 将蜡液倒入筛网，并过滤出柠檬香蜂草。

12 将筛网拿高，待蜡液滴干后，即完成柠檬香蜂草蜡液。

13 将量杯静置在旁，待柠檬香蜂草蜡液温度降至60~65℃。

14 将柠檬香蜂草蜡液倒入玻璃容器中。

15 将烛芯穿入烛芯固定器，使烛芯固定在中央。

16 先将玻璃容器静置在旁，待柠檬香蜂草蜡液冷却凝固后，再取出烛芯固定器。

17 以剪刀修剪烛芯（注：需保留约1厘米的长度）。

18 如图，柠檬香蜂草蜡烛完成。

小 贴 士

◆ 可尝试用家中不饮用的茶叶来制作。

茉莉花蜡蜡烛

JASMINE CANDLE

———————— | 难易度 ★★☆☆☆ | ————————

　　茉莉花协助我们提升心灵层面的感知力以及想象力，它的香气有安眠功效，能让人安稳地进入睡眠中。茉莉花蜡和精油萃取不易，属于单价非常高的素材。

流程
▶ 贴烛芯
▶ 熔蜡
▶ 90～92℃加入茉莉花蜡
▶ 75～78℃倒入模具
▶ 待蜡冷却凝固

工具 —————
① 电热炉 　⑤ 量杯
② 电子秤 　⑥ 马口铁罐 1个
③ 温度枪
④ 搅拌棒

材料 —————
① 大豆蜡（C3）40克
② 茉莉花蜡 8克
③ 带底座的无烟烛芯（1号）1个
④ 烛芯贴 1个

步骤 ————————————————————————

1 将带底座的无烟烛芯放在烛芯贴上。

2 用手按压带底座的无烟烛芯，粘好。

3 用手剥开烛芯贴与底纸，使烛芯贴与底纸剥离。

4 将烛芯放入马口铁罐中央。

5 以搅拌棒按压烛芯底座，以加强固定。

6 如图，烛芯与马口铁罐已粘好。

7 将大豆蜡倒入量杯中。

8 将大豆蜡熔化后，静置在旁，待温度降至90～92℃，为蜡液（注：熔蜡可参考P.29）。

9 以搅拌棒挖取茉莉花蜡。

10 将茉莉花蜡放入蜡液中。

11 以搅拌棒搅拌蜡液和茉莉花蜡。

12 重复步骤11，使茉莉花蜡熔解在蜡液中，并搅拌均匀。

13 将量杯静置在旁，待温度降至75～78℃，倒入马口铁罐中。

14 将马口铁罐静置在旁，待大豆蜡冷却凝固。

15 如图，茉莉花蜡蜡烛完成。

温度—触觉

瘦身燃脂精油按摩蜡烛

FAT BURNING ESSENTIAL OIL CANDLE

———————— 难易度 ★★☆☆☆ ————————

　　春天时使用适合调理肝气，储备整年生机。也适合平日压力大、想改善情绪及水肿体质或想要搭配瘦身燃脂时使用。

流程

▶ 贴烛芯
▶ 熔蜡
▶ 55℃加入按摩精油
▶ 55℃倒入模具
▶ 待蜡冷却凝固

工具

① 电热炉   ⑤ 量杯
② 电子秤   ⑥ 剪刀
③ 温度枪   ⑦ 烛芯固定器
④ 搅拌棒   ⑧ 60毫升玻璃容器

材料

① 白蜂蜡6克
② 乳木果油54克
③ 带底座的环保烛芯（1号）1个
④ 复方按摩精油1.8克
⑤ 烛芯贴1个

步骤

1 将带底座的环保烛芯放在烛芯贴上，用手按压底座，粘好。

2 用手剥开烛芯贴与底纸，使烛芯贴与底纸剥离。

3 将烛芯放入玻璃容器中央。

4 以搅拌棒按压烛芯底座，以加强固定，备用。

5 将白蜂蜡倒入量杯中。

6 加入乳木果油。

7 将白蜂蜡与乳木果油熔化后，静置在旁，待温度降至55℃（注：熔蜡可参考P.29）。

8 将复方按摩精油滴入熔化的蜜蜡与乳木果油中，为蜡液。

9 以搅拌棒将蜡液搅拌均匀。

10 将蜡液温度保持在55℃，并倒入玻璃容器中。

11 如图，蜡液倒入完成。

12 将带底座的环保烛芯穿入烛芯固定器，使带底座的环保烛芯固定在中央。

13 将玻璃容器静置在旁，待蜡液冷却凝固后，取出烛芯固定器。

14 以剪刀修剪烛芯（注：需保留约1厘米的长度）。

15 如图，瘦身燃脂精油按摩蜡烛完成。

- 蜡烛完全凝固后才能使用，因加入复方按摩精油的蜡烛在未完全凝固时，若点燃蜡烛，火容易熄灭。
- 使用方法：点燃蜡烛，待蜡的表面完全熔解后，熄灭蜡烛，先将烧焦的烛芯修剪掉，避免掉入蜡内而产生烧焦味，再用手指蘸取蜡并涂抹在皮肤上做按摩。
- 复方按摩精油：混合两种以上的单方纯精油作为基底油，并加入按摩油而成。
- 复方按摩精油配方

1. 基底油

　　甜杏仁油：亲肤，帮助使精油成分深层渗透，敏感肌及婴儿肌肤都可使用。

　　荷荷巴油：能在肌肤表层形成保护膜，并深度滋养肌肤，也可使产品不易变质。针对女性，平时按摩可暖宫滋补，并且安抚生理期不适；对男性，能帮助卸下压力疲惫，恢复自信，感受暖心的鼓励。

2. 精油（按摩油）

瘦身燃脂精油按摩蜡烛，精油身心适用症状说明			
精油名称	药学属性及适用症状	情绪与心灵	注意事项
葡萄柚精油	利肝胆、抗菌、调理带状疱疹、促进脂肪分解、帮助调整时差、预防老年痴呆	提升自信及幽默感、适应各种转变	因配方含量在安全范围内无须担心光敏性；精油不含抑制药物代谢成分，可安心使用
甜橙精油	安抚焦虑、镇静、消炎、抗肿瘤、促进血液循环、促进消化、改善失眠	激发鲜活创意，展现孩童般赤子之心	呋喃香豆素含量极低，无须担心光敏性
丝柏精油	改善呼吸系统，缓解百日咳、支气管痉挛、胸膜炎等症状；稳定及平衡体液，排除淋巴毒素及废物，缓解更年期症状	提升专注力，使心灵平静安定	乳房有硬性结节者应避免使用此单方精油。若产品内配方剂量极低，且有其他精油协同平衡，可安心使用
雪松精油	促进伤口愈合、处理脂溢性皮肤炎，促进淋巴流动及消解脂肪、促进毛发健康及动脉再生，抗菌、抗痉挛	化解内心深层的自我批判与负面阴影，重新给予自我肯定和鼓励	
花椒精油	强力除湿排寒、消炎及抗氧化、改善下肢水肿，止痛麻醉、止痒、止泻、抗痉挛，保肝利胆	给予勇气和自信，在压力中展现乐观与真本领	

暖身提振精油按摩蜡烛

WARMING-UP ESSENTIAL OIL CANDLE

难易度 ★★☆☆☆

男性使用这款蜡烛可缓解疲惫，恢复自信，感受暖心的鼓励。女性可用于按摩暖宫滋补，也可安抚在生理期的不适。

流程	工具	材料
▶ 贴烛芯	① 电热炉　⑤ 量杯	① 白蜂蜡 6 克
▶ 熔蜡	② 电子秤　⑥ 剪刀	② 乳木果油 54 克
▶ 55℃加入按摩精油	③ 温度枪　⑦ 烛芯固定器	③ 带底座的环保烛芯（1号）1个
▶ 55℃倒入模具	④ 搅拌棒　⑧ 60毫升玻璃容器	④ 复方按摩精油 1.8 克
▶ 待蜡冷却凝固		⑤ 烛芯贴 1 个

步骤

1 将带底座的环保烛芯放在烛芯贴上后，用手按压底座，粘好。

2 用手剥开烛芯贴与底纸，使烛芯贴与底纸剥离。

3 将烛芯放入玻璃容器中央。

4 以搅拌棒按压烛芯底座，以加强固定，备用。

5 将白蜂蜡倒入量杯中。

6 加入乳木果油。

7 将白蜂蜡与乳木果油熔化后，静置在旁，待温度降至55℃（注：熔蜡可参考P.29）。

8 将复方按摩精油滴入熔化的白蜂蜡与乳木果油中，为蜡液。

9 以搅拌棒搅拌均匀。

10 将蜡液温度保持在55℃，并倒入玻璃容器中。

11 如图，蜡液倒入完成。

12 将烛芯穿入烛芯固定器，使烛芯固定在中央。

13 将玻璃容器静置在旁，待蜡液冷却凝固后，取出烛芯固定器。

14 以剪刀修剪烛芯（注：需保留约1厘米的长度）。

15 如图，暖身提振精油按摩蜡烛完成。

- 蜡烛完全凝固后才能使用，因加入复方按摩精油的蜡烛在未完全凝固时，若点燃蜡烛，火容易熄灭。
- 使用方法：点燃蜡烛，待蜡的表面完全熔解后，熄灭蜡烛，先将烧焦的烛芯修剪掉，避免掉入蜡内而产生烧焦味，再用手指蘸取蜡并涂抹在皮肤上做按摩。
- 复方按摩精油：混合两种以上的单方纯精油作为基底油，并加入按摩油而成。
- 复方按摩精油配方

1. 基底油

圣约翰草油：圣约翰草在德国被视为重要的药用植物，常被应用于抗炎、抗菌、伤口治疗，调理妇科不适及改善忧郁焦虑等相关症状。

药品级月见草油：在治疗皮肤病、改善湿疹、关节炎症和神经病变方面有良好效果，调理更年期及改善经前问题，怀孕妇女应避免使用。

药品级琉璃苣油：富含次亚麻油酸，常应用于改善异位性皮肤炎及类风湿性关节炎，在妇科调理中与月见草油为最佳互补用油。

2. 精油（按摩油）

暖身提振精油按摩蜡烛，精油身心适用症状说明			
精油名称	药学属性及适用症状	情绪与心灵	注意事项
龙艾精油	利肝胆、抗痉挛，舒缓痛经及经前不适、消炎、消水肿、抗过敏及白色念珠菌、安抚肠胃不适、加强睡眠深度、镇静、舒缓气喘及神经发炎	为内在情绪找出口，释放压抑并且能坦然面对	
牡荆油	通过脑下垂体调节平衡雌激素与黄体素，安抚经前症候及更年期症候群，消炎、杀螨虫、抗细菌及白色念珠菌；改善子宫肌瘤，滋养子宫，也适用男性处理老化、骨质疏松及压力过大等问题	转换内在心情，平衡且自由地对待生活的付出与收获	男性也可以使用。孕期、哺乳、青春期前孩童应避免使用
玫瑰天竺葵精油	抗感染、预防肿瘤，抗菌，消炎止痛，提高皮肤吸收能力，调理紧实皮脂	消除烦恼与焦虑，减轻人际疏离，使人找回重心，表现自我	男女皆适用
锡兰肉桂精油	抗菌、抗感染、抗病毒，消除肠道寄生虫，缓解肠胃不适，壮阳、强化子宫，提振精神，改善手脚冰冷、嗜睡及虚弱，强化认知能力	在沮丧虚弱中浴火重生，由内而外层层散发热力，再现英雄本色	肉桂对皮肤刺激性较强，配方中剂量为安全范围，遵守使用说明即可安心使用
白松香精油	改善呼吸及消化系统问题、消炎、镇痛、通经、补身、强化生殖泌尿系统、排除多余体液	消灭狂暴情绪，展现稳重强大的本我	孕妇禁止使用

舒缓放松精油按摩蜡烛

RELAXATION ESSENTIAL OIL CANDLE

———┤ 难易度 ★★☆☆☆ ├———

可平衡肌肤油脂、舒缓肌肤压力。月桂叶配方能让人拥有自信、肯定自我。具有淡淡的草质香味，男女都适合使用。

流程	工具	材料
▶ 贴烛芯	① 电热炉　⑤ 量杯	① 白蜂蜡 6克
▶ 熔蜡	② 电子秤　⑥ 剪刀	② 乳木果油 54克
▶ 55℃加入按摩精油	③ 温度枪　⑦ 烛芯固定器	③ 带底座的环保烛芯（1号）1个
▶ 55℃倒入模具	④ 搅拌棒　⑧ 60毫升玻璃容器	④ 复方按摩精油 1.9克
▶ 待蜡冷却凝固		⑤ 烛芯贴1个

步骤

1 将带底座的环保烛芯放在烛芯贴上，用手按压底座，粘好。

2 用手剥开烛芯贴与底纸，使烛芯贴与底纸剥离。

3 将烛芯放入玻璃容器中央。

4 以搅拌棒按压烛芯底座，以加强固定，备用。

5 将白蜂蜡倒入量杯中。

6 加入乳木果油。

7 将白蜂蜡与乳木果油熔化后，静置在旁，待温度降至55℃（注：熔蜡可参考P.29）。

8 将复方按摩精油滴入熔化的白蜂蜡与乳木果油中，为蜡液。

9 如图，复方按摩精油加入完成。

10 以搅拌棒搅拌均匀。

11 将蜡液温度保持在55℃，并倒入玻璃容器中。

12 将烛芯穿入烛芯固定器，使烛芯固定在中央。

13 将玻璃容器静置在旁，待蜡液冷却凝固后，取出烛芯固定器。

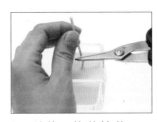

14 以剪刀修剪烛芯（注：需保留约1厘米的长度）。

15 如图，舒缓放松精油按摩蜡烛完成。

◆ 蜡烛完全凝固后才能使用，因加入复方按摩精油的蜡烛在未完全凝固时，点燃蜡烛，火容易熄灭。

◆ 使用方法：点燃蜡烛，待蜡的表面完全熔解后，熄灭蜡烛，先将烧焦的烛芯修剪掉，避免掉入蜡内而产生烧焦味，再用手指蘸取蜡并涂抹在皮肤上做按摩。

◆ 复方按摩精油：混合两种以上的单方纯精油作为基底油，并加入按摩油而成。

◆ 复方按摩精油配方

   1. 基底油

     黄金荷荷巴油：由荷荷巴种子冷压榨萃取，能守护肌肤，增加肌肤的防御能力。

     圣约翰草油：圣约翰草在德国被视为重要的药用植物，常被应用于抗炎、抗菌、伤口治疗，调理妇科不适及改善忧郁焦虑等相关症状。

   2. 精油（按摩油）

舒缓放松精油按摩蜡烛，精油身心适用症状说明		
精油名称	药学属性及适用症状	情绪与心灵
月桂叶精油	抗痉挛、止痛，能改善关节炎，能够平衡肌肤油脂并达到舒缓效果	让人拥有自信，肯定自我
鹰草永久花精油	具消炎、止痛功效，能舒缓严重过敏与感染所导致的发炎现象，能调节荷尔蒙	能赋予人勇气，放下过往并面对崭新的一切
柠檬香茅精油	具消炎、止痛功效，能改善韧带拉伤、腿部酸软无力、肌张力不全等问题	能提升肌肤的防御力，给予支持的力量
尤加利精油	澳大利亚具代表性的桃金娘科树种，富含单萜醇，让气味更柔和圆滑。是澳大利亚无尾熊的食物来源，亲肤性高，味道能补强虚弱、冷静舒缓。具有抗菌、抗病毒、祛痰、消炎退烧、强壮身心等功能	让人放下防备，愿意打开心房与他人沟通
马郁兰精油	强化神经，尤其有益于副交感神经，有助于降血压、扩张血管。镇痛，可改善各种疼痛，例如：神经痛、风湿痛等	给予面对困难的勇气，使人拥有放松的心情，希腊人与罗马人将马郁兰视为幸福的象征
甜橙精油	安抚焦虑、镇静、消炎、抗肿瘤、促进血液循环、助消化、改善失眠	其香甜气息，能舒缓紧张情绪，并带来愉悦的心情，仿佛回到童年纯真世界
姜精油	常被广泛应用于食材上，姜精油是蒸馏根部而来。具有健胃、补强消化系统、祛胀气等作用，可改善常见的肠胃不适，例如：腹胀、食欲不振、消化不良、腹泻、便秘等。消炎止痛、抗高血脂、强化性机能	带来勇气及面对未知的自信，鼓舞疲惫情绪，带来温暖的感受

（注：甜橙精油中的呋喃香豆素含量极低，无须担心光敏性。）

薰衣草晚安精油按摩蜡烛

GOODNIGHT LAVENDER ESSENTIAL OIL CANDLE

难易度 ★★☆☆☆

睡前配合按摩，可以更加舒缓放松。

流程	工具	材料
▶ 贴烛芯	① 电热炉　⑤ 量杯	① 白蜂蜡 6 克
▶ 熔蜡	② 电子秤　⑥ 剪刀	② 乳木果油 54 克
▶ 55℃加入按摩精油	③ 温度枪　⑦ 烛芯固定器	③ 带底座的环保烛芯（1号）1 个
▶ 55℃倒入模具	④ 搅拌棒　⑧ 60毫升玻璃容器	④ 复方按摩精油 1.8 克
▶ 待蜡冷却凝固		⑤ 烛芯贴 1 个

步骤

1 将带底座的环保烛芯放在烛芯贴上，用手按压底座，粘好。

2 用手剥开烛芯贴与底纸，使烛芯贴与底纸剥离。

3 将烛芯放入玻璃容器中央。

4 以搅拌棒按压烛芯底座，以加强固定，备用。

5 将白蜂蜡倒入量杯中。

6 加入乳木果油。

7 将白蜂蜡与乳木果油熔化后，静置在旁，待温度降至55℃（注：熔蜡可参考P.29）。

8 将复方按摩精油滴入熔化的白蜂蜡与乳木果油中，为蜡液。

9 以搅拌棒将蜡液搅拌均匀。

10 将蜡液温度保持在55℃，并倒入玻璃容器中。

11 如图，蜡液倒入完成。

12 将烛芯穿入烛芯固定器，使烛芯固定在中央。

13 将玻璃容器静置在旁，待蜡液冷却凝固后，取出烛芯固定器。

14 以剪刀修剪烛芯（注：需保留约1厘米的长度）。

15 如图，薰衣草晚安精油按摩蜡烛完成。

◆ 蜡烛完全凝固后才能使用，因加入复方按摩精油的蜡烛在未完全凝固时，若点燃蜡烛，火容易熄灭。

◆ 使用方法：点燃蜡烛，待蜡的表面完全熔解后，熄灭蜡烛，先将烧焦的烛芯修剪掉，避免掉入蜡内而产生烧焦味，再用手指蘸取蜡并涂抹在皮肤上做按摩。

◆ 复方按摩精油：混合两种以上的单方纯精油作为基底油，并加入按摩油而成。

◆ 复方按摩精油配方

　1. 基底油

　　荷荷巴油：由荷荷巴种子冷压榨萃取，能守护肌肤，增加肌肤的防御能力。

　　沙棘油：保湿、护肤、抗发炎、美白、抗老化、补足肌肤营养。

　　甜杏仁油：亲肤，帮助使精油成分深层渗透，敏感肌及婴儿肌肤都可使用。

　　圣约翰草油：圣约翰草在德国被视为重要的药用植物，常被应用于抗炎、抗菌、伤口治疗，调理妇科不适及改善忧郁焦虑等相关症状。

　2. 精油（按摩油）

薰衣草晚安精油按摩蜡烛，精油身心适用症状说明		
精油名称	药学属性及适用症状	情绪与心灵
甜橙精油	安抚焦虑、镇静、消炎、促进血液循环、助消化、改善失眠	其香甜气息能舒缓紧张情绪，并带来愉悦的心情，仿佛回到童年纯真世界
佛手柑精油	具镇静、保护神经功效，可改善情绪激动、失眠、长期压力	使用后可以释放恐惧与忧伤，修复身心，使身心处于愉悦放松的状态
花梨木精油	适合使用在沮丧、虚弱无力、工作过度、过劳等状态。具强化免疫、消炎、抗感染、抗菌等功效	能提振精神，强化防御力
克什米尔薰衣草精油	珍稀的克什米尔真正薰衣草精油，于高海拔严峻环境中生长，比其他品种的薰衣草味道更为甜美。具有镇静、安抚功效，适用于神经紧张、睡眠困扰、躁郁症等情况。具消炎、止痛、促进伤口愈合功效	能纾解压力，让情绪放松，拥有宁静夜晚
岩兰草精油	镇静、强化神经功能，可用来处理迷惑、焦虑等情绪，对于抗压具有良好的效果，可抗发炎、止痒、抗过敏	纾解压力，让人尽情享受生命的美好
柠檬精油	具镇静神经的功效，可改善噩梦，使人愉悦且充满活力，同时拥有净化的功效	酸酸甜甜的香气，能使人愉悦与充满活力，并拥有净化的能力
印度乳香精油	可抗忧郁，并降低血液中可体松的水平。具消炎、促伤口愈合功效，抗痛觉、抗过敏	能让人摆脱沉重与纷扰，释放压力，重回自信光彩

（注：甜橙精油中的呋喃香豆素含量极低，无须担心光敏性。）

薰衣草精油按摩蜡烛

LAVENDER ESSENTIAL OIL CANDLE

难易度 ★★☆☆☆

　　具有止痛、抗菌、镇静、止痒、抗感染的效果，可促进细胞再生、帮助伤口愈合。真正薰衣草舒服的香气有助于缓解各种身心紧绷导致的症状，它带有母性的力量，让人有被无条件的爱所拥抱和支持的感受。

流程	工具	材料
▶ 贴烛芯	① 电热炉　⑤ 量杯	① 白蜂蜡 7 克
▶ 熔蜡	② 电子秤　⑥ 剪刀	② 乳木果油 41 克
▶ 53～55℃加入按摩精油	③ 温度枪　⑦ 烛芯固定器	③ 带底座的环保烛芯（1号）1个
▶ 55℃倒入模具	④ 搅拌棒　⑧ 60毫升玻璃容器	④ 有机荷荷巴油 6 克
▶ 待蜡冷却凝固		⑤ 甜杏仁油 6 克
		⑥ 单方有机薰衣草精油 15 滴
		⑦ 烛芯贴 1 个

步骤

1 将带底座的环保烛芯放在烛芯贴上，用手按压底座，粘好。

2 用手剥开烛芯贴与底纸，使烛芯贴与底纸剥离。

3 将烛芯放入玻璃容器中央。

4 以搅拌棒按压烛芯底座，以加强固定，备用。

5 将白蜂蜡倒入量杯中后，加入乳木果油。

6 将甜杏仁油倒入量杯中。

7 将有机荷荷巴油倒入量杯中，加热熔化（注：熔蜡可参考P.29）。

8 以搅拌棒确认是否完全熔化后，静置在旁，待温度降至55℃。

9 将单方有机薰衣草精油滴入熔化的白蜂蜡与乳木果油中，以搅拌棒搅拌均匀，为蜡液。

10 将蜡液温度保持在55℃，并倒入玻璃容器中。

11 如图，蜡液倒入完成。

12 将烛芯穿入烛芯固定器，使烛芯固定在中央。

13 先将玻璃容器静置在旁，待蜡液冷却凝固后，再取出烛芯固定器。

14 以剪刀修剪烛芯（注：需保留约1厘米的长度）。

15 如图，薰衣草精油按摩蜡烛（单方）完成。

小 贴 士

* 蜡烛完全凝固后才能使用，因加入复方按摩精油的蜡烛在未完全凝固时，若点燃蜡烛，火容易熄灭。

* 使用方法：点燃蜡烛，待蜡的表面完全熔解后，熄灭蜡烛，先将烧焦的烛芯修剪掉，避免掉入蜡内而产生烧焦味，再用手指蘸取蜡并涂抹在皮肤上做按摩。

* 若家中养猫，要慎用薰衣草精油，由于精油是经过萃取提炼而成，浓度较高，使用上需注意用量和比例，过多会让猫感到不适。

* 复方按摩精油：混合两种以上的单方纯精油作为基底油，并加入按摩油而成。

* 复方按摩精油配方

  1. 基底油

  乳木果油：保湿滋养，防止肌肤老化，能够隔离紫外线，形成天然的防护。

  有机荷荷巴油：能在肌肤表层形成保护膜，并深度滋养肌肤，也可使产品不易变质。

  甜杏仁油：亲肤，帮助使精油成分深层渗透，敏感肌及婴儿肌肤都可使用。

  2. 精油（按摩油）

薰衣草精油按摩蜡烛（单方），精油身心适用症状说明	
精油名称	真正薰衣草精油
药学属性及适用症状	安定情绪、改善睡眠、驱虫防蚊、舒缓肌肤、伤口修复、妇科舒缓
情绪与心灵	放松身心，协助清晰观察世界的能力
注意事项	妇女怀孕初期、低血压患者慎用

安定—听觉

木芯蜡烛
WOOD WICK CANDLE

—| 难易度 ★☆☆☆☆ |—

声音很容易将我们带入某个情境中，与当下的情绪产生关联。木芯是近几年来蜡烛市场中的新宠。因为火的高温燃烧，烛芯会如同烧木柴一般发出"啪啪"的声音。虽然我们很少有真正坐在壁炉前看着柴火燃烧的机会，但对大部分人而言，燃烧木柴的声音总是能让人感觉到温暖与安定。

流程	工具		材料
▶ 贴烛芯	① 电热炉	⑤ 剪刀	① 大豆蜡300克
▶ 熔蜡	② 电子秤	⑥ 不锈钢容器 1个	② 木芯（4号）1个
▶ 80~85℃倒入模具	③ 温度枪	⑦ 玻璃容器 1个	③ 烛芯底座1个
▶ 待蜡冷却凝固	④ 量杯		④ 烛芯贴1个

步骤

1 将木芯插入烛芯底座中。

2 如图，木芯插入烛芯底座完成，为烛芯。

3 将烛芯放在烛芯贴上后，用手按压底座，粘好。

4 用手剥开烛芯贴与底纸。

5 如图，使烛芯贴与底纸剥离完成。

6 将烛芯放入玻璃容器中央，用手按压底座，以加强固定。

7 以剪刀修剪烛芯，即完成玻璃容器，备用（注：需保留约1厘米的长度）。

8 将大豆蜡倒入不锈钢容器中。

9 将不锈钢容器加热，使大豆蜡熔化（注：熔蜡可参考P.29）。

10 将熔化的大豆蜡静置在旁，待温度降至80~85℃，倒入玻璃容器中（注：蜡需淋到烛芯）。

11 将玻璃容器静置在旁，待大豆蜡冷却凝固。

12 如图，木芯蜡烛完成。

小 贴 士

◆ 若买到单片木芯，可将两片木芯合在一起，再浸到熔好的蜡中黏合使用，效果较好。

◆ 使用时，将烛芯修剪至距离蜡烛表面0.5~1厘米的距离，可维持点燃时火花的稳定度，并减少冒黑烟的状况产生。

◆ 在贴入容器底部前先修剪烛芯，能避免事后修剪时，因晃动而破坏表面平整度。

◆ 将蜡倒入容器时，淋在烛芯上过蜡，可尽量避免烛芯周遭的蜡变色。

◆ 使用方法

　①点燃蜡烛后，待蜡的表面完全熔解再熄灭蜡烛。

　②蜡烛熄灭后，先将烧焦的烛芯修剪掉，以免掉入蜡内而产生烧焦的味道。

裂纹蜡烛

CRACKLE CANDLE

—— 难易度 ★★★☆☆ ——

　　这款蜡烛最令人期待的，就是当蜡烛放入冷、热水中，蜡烛表面开始产生裂纹时所产生的声音。蜡烛表面裂开时，传达到手指间的微妙感觉也是非常治愈的。

流程	工具		材料
▶ 穿烛芯	①电热炉	⑦直径3.2厘米、高12厘米	①石蜡（140）80克
▶ 熔蜡	②电子秤	的圆柱模具1个	②纯棉棉芯（1号）1根
▶ 90～95℃倒入模具	③温度枪	⑧500毫升不锈钢容器1个	③液体色素（绿）
▶ 待蜡稍微凝固	④搅拌棒	⑨封口黏土	
▶ 调色	⑤量杯	⑩烛芯固定器	
▶ 待蜡冷却凝固	⑥剪刀		
▶ 脱模			

步骤

1 将纯棉棉芯放在圆柱模具侧边测量长度后，以剪刀修剪纯棉棉芯，为烛芯（注：长度为圆柱模具总长度再加10～15厘米）。

2 将烛芯穿入圆柱模具的孔洞中（注：穿烛芯可参考P.30）。

3 将封口黏土贴在圆柱模具底部，并用手按压封口黏土，以固定烛芯，备用（注：需保留四五厘米的烛芯在模具外）。

4 将石蜡倒入量杯后，放在电热炉上加热，使石蜡熔化，为蜡液（注：熔蜡可参考P.29）。

5 将蜡液静置在旁，待温度降至90～95℃，倒入圆柱模具中。

6 将烛芯穿入烛芯固定器，使烛芯固定在中央。

7 将圆柱模具静置在旁，待蜡液稍微凝固后，取出烛芯固定器。

8 将绿色液体色素滴入未凝固的蜡液中。

9 以烛芯将绿色液体色素和未凝固的蜡液搅拌均匀，为绿色蜡液。

10 将烛芯固定器穿入烛芯，使烛芯固定在中央。

11 将圆柱模具静置在旁，待绿色蜡液冷却凝固后，取出烛芯固定器。

12 先取下底部的封口黏土后，再取下圆柱模具的底座。

13 用手按压圆柱模具瓶身，以松动凝固的绿色蜡。

14 从圆柱模具中取出凝固的绿色蜡，为蜡烛主体。

15 以剪刀修剪蜡烛主体底部烛芯（注：无须保留任何长度）。

16 将蜡烛主体放入装满50~53℃热水的不锈钢容器中（注：放入时间约60秒）。

17 将蜡烛主体放入装满冰水的不锈钢容器中，使蜡烛主体产生裂纹。

18 如图，裂纹蜡烛完成（注：可将烛芯打结，欲点燃蜡烛时，先将结解开，再将烛芯修剪至1厘米即可）。

小 贴 士

* 修剪烛芯时，顶部需预留10厘米以上的长度，以便浸入水中时有拿取的位置。

* 石蜡收缩的状况会比植物蜡更为明显，若在意底部凹陷，可在底部呈现凝固状时，二次加蜡填平。注意第二次加蜡的温度要在70~75℃，若蜡的温度过高，容器内凝固的蜡会熔化变形。

* 裂纹的控制

  大裂纹：可先将脱模的蜡烛冷冻10~15分钟，再放入热水和冰水中。

  小裂纹：将冰水改为温水，脱模后放入热水和温水中。

* 可尝试在热水内停留30秒或90秒，不同的时间会产生不同的裂纹效果。在热水中放越久，所产生的裂纹会越少。

* 可尝试先将蜡烛在冰箱冷冻室放置1小时以上，再放入热水和冰水中，会产生蜡烛内、外皆有裂痕的效果。

* 此蜡烛建议观赏用，不适合燃烧，容易产生异味。

熔岩蜡烛

LAVA CANDLE

|◁ 难易度 ★★★☆☆ ▷|

　　流下来的烛泪，凝固后像岩浆般形成一层又一层的波浪，美丽得犹如孔雀尾巴。我有许多学生因为熔岩蜡烛，而对烛泪有了不同的看法，它不是蜡烛的残留，而是完美作品不可或缺的要素。点燃它，给它时间燃烧熔化，慢慢地，就能见到它的内涵，最后完整。

流程

▸ 穿烛芯
▸ 熔蜡
▸ 90℃加入香精油
▸ 加入香精油后调色
▸ 68℃倒入模具
▸ 脱模
▸ 90℃加入香精油
▸ 68℃倒入模具
▸ 待蜡冷却凝固
▸ 脱模

工具

① 电热炉　　⑥ 剪刀　　　⑪ 小锥子　　　　柱模具1个
② 电子秤　　⑦ 试色碟　　⑫ 打火机　　　⑮ 直径3.8厘米、
③ 温度枪　　⑧ 不锈钢容器 ⑬ 盘子　　　　　高15厘米的平
④ 搅拌棒　　⑨ 烛芯固定器 ⑭ 直径3.2厘米、高　顶圆柱模具1个
⑤ 量杯　　　⑩ 封口黏土　　　12厘米的尖顶圆　⑯ 刀片

材料

① 大豆蜡a（柱状用）50克　③ 纯棉棉芯（3号）1根　⑤ 香精油a 2.5克
② 大豆蜡b（柱状用）100克　④ 固体色素（蓝）　　　⑥ 香精油b 5克

步骤

1 将纯棉棉芯放在尖顶圆
柱模具侧边测量长度，以剪
刀修剪纯棉棉芯，为烛芯
（注：长度为尖顶圆柱模具总长
度再加10～15厘米）。

2 将烛芯穿入尖顶圆柱模
具的孔洞中（注：穿烛芯可
参考P.30）。

3 将封口黏土贴在尖顶圆
柱模具底部，并用手按压封
口黏土，以固定烛芯，备用
（注：需保留四五厘米的烛芯在
模具外）。

4 将封口黏土贴在平顶圆
柱模具底部，备用。

5 将大豆蜡a（50克）倒入
不锈钢容器中，加热熔化，
为蜡液a（注：熔蜡可参考
P.29）。

6 将蜡液a静置在旁，待温
度降至90℃，加入香精油a
（2.5克）。

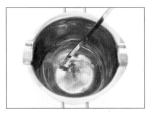

7 以搅拌棒将蜡液a和香精油a搅拌均匀。

8 以刀片刮出蓝色固体色素,以搅拌棒将蓝色固体色素倒入不锈钢容器中。

9 以搅拌棒将蜡液a和蓝色固体色素搅拌均匀,为蓝色蜡液。

10 以搅拌棒蘸取蓝色蜡液滴在试色碟上试色(注:蜡液态时颜色较深,蜡凝固后颜色较浅,可依个人喜好调整颜色)。

11 将不锈钢容器静置在旁,待蓝色蜡液温度降至68℃后,倒入尖顶圆柱模具中。

12 如图,蓝色蜡液倒入完成。

13 将烛芯穿入烛芯固定器,使烛芯固定在中央。

14 将圆柱模具静置在旁,待蓝色蜡液稍微凝固。

15 先取出烛芯固定器,再将剩余的蓝色蜡液倒入尖顶圆柱模具中,以填补孔洞。

16 将烛芯穿入烛芯固定器,使烛芯固定在中央(注:蜡烛尺寸越大,越容易在凝固时产生孔洞,可多熔一些蜡备用)。

17 待蜡液冷却凝固后,取出烛芯固定器。

18 取下底部的封口黏土。

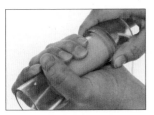

19 用手按压尖顶圆柱模具瓶身，使凝固的蓝色蜡松动。

20 取下尖顶圆柱模具的底座。

21 从尖顶圆柱模具中取出凝固的蓝色蜡，为蓝色蜡烛。

22 以剪刀修剪蓝色蜡烛底部烛芯（注：无须保留任何长度）。

23 将蓝色蜡烛放入平顶圆柱模具中。

24 如图，蓝色蜡烛放入完成，备用。

25 将大豆蜡b（100克）倒入量杯中，加热熔化，待温度降至90℃后，加入香精油b（5克）（注：熔蜡可参考P.29）。

26 以搅拌棒将大豆蜡b和香精油b搅拌均匀，为蜡液b。

27 将量杯静置在旁，待蜡液b温度降至63℃，倒入平顶圆柱模具中。

28 如图，蜡液b倒入完成。

29 将烛芯穿入烛芯固定器，使烛芯固定在中央。

30 先将平顶圆柱模具静置在旁，待蜡液b稍微凝固后，再取出烛芯固定器。

31 用手按压平顶圆柱模具瓶身，以松动凝固的蜡液b。

32 取下平顶圆柱模具的底座。

33 从平顶圆柱模具中取出凝固的蜡液b，为蜡烛主体。

34 如图，蜡烛主体取出完成。

35 将蜡烛主体放在盘子上后，以剪刀修剪烛芯，为蜡烛（注：需保留约1厘米的长度）。

36 以打火机将蜡烛点燃。

37 使蜡烛燃烧到熔化露出蓝色蜡烛。

38 以小锥子将蜡烛主体刮出一道沟，使蓝色蜡液可以流出。

39 如图，熔岩蜡烛完成。

小 贴 士

- 燃烧柱状蜡烛时，底部皆需使用容器盛接流下来的烛泪。
- 熔岩蜡烛的特色是流下烛泪的姿态，可准备一个美观的盘子当作装饰的一部分。

台风蜡烛

HURRICANE CANDLE

———┤ 难易度 ★☆☆☆☆ ├———

将茶烛点燃的那一刻，就能看到自己创造的小世界。

流程
- ▶ 修剪干燥花
- ▶ 熔蜡
- ▶ 放入干燥花
- ▶ 130~140℃倒入模具
- ▶ 蜡稍微凝固后冷冻
- ▶ 脱模

工具 ────────────
① 电热炉　　⑥ 不锈钢容器
② 电子秤　　⑦ 直径7.5厘米、高7.5厘米
③ 温度枪　　　的柱状烛台模具 1个
④ 搅拌棒　　⑧ 磨砂纸
⑤ 剪刀

材料 ──────
① 石蜡（155）110克
② 石蜡添加剂 1克
③ 干燥花

步骤

1 以剪刀修剪干燥花（注：干燥花长度不超过烛台）。

2 重复步骤1，完成10~15个干燥花修剪（注：可依个人喜好决定数量）。

3 将修剪的干燥花放入柱状烛台模具中。

4 重复步骤3，依序放入干燥花。

5 如图，干燥花摆放完成，备用。

6 将石蜡倒入不锈钢容器中，加入石蜡添加剂。

7 将石蜡熔化后，待温度上升至130~140℃，即完成蜡液（注：熔蜡可参考P.29）。

8 将蜡液倒入烛台模具中。

9 将烛台模具静置在旁，待蜡液表面稍微凝固后，放入冰箱冷冻（注：需冷冻30分钟以上）。

10 用手按压烛台模具瓶身，以松动凝固的蜡。

11 取下烛台模具的瓶身。

12 从烛台模具的底座中取出凝固的蜡，为蜡烛主体。

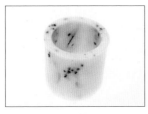

13 如图，蜡烛主体取出完成。

14 以磨砂纸磨平蜡烛主体底部毛边或不平整的蜡。

15 如图，台风蜡烛完成。

小 贴 士

- 修剪干燥花之前，可以先将干燥花放在模具侧边，以测量修剪长度。
- 除了干燥花，也可以放入厚实、有层次感的素材，如：果干、蓬松的干燥菊花等，效果会更好。
- 加入石蜡添加剂，可以预防蜡烛收缩得太严重。
- 石蜡收缩的状况会比植物蜡更为明显，可在底部呈现凝固状后，二次加蜡填平。需注意第二次加蜡的温度要在70～75℃之间，若蜡的温度过高，容器内凝固的蜡烛可能会熔化变形。
- 脱模前，轻轻按压模具瓶身，使蜡烛稍微松动后，会更容易脱模，但力道不可过大，以免捏坏蜡烛。
- 使用磨砂纸磨平不平整的蜡或磨去毛边时，力道不可过大，以免破坏蜡烛。
- 使用方法

  ①将点燃的茶烛放入台风蜡烛中。

  ②如果放入的茶烛烛芯较长，点燃时火会较大，这时台风蜡烛内壁容易熔化，若担心台风蜡烛内壁熔化，可在台风蜡烛中加一个杯子做隔离。
- 石蜡为非天然蜡材，建议使用时让空间保持良好的通风状态。

常见问题

1 燃烧蜡烛会不会对身体有害?

若是非天然蜡材,如:石蜡、果冻蜡等,长时间使用对人体会有一定程度影响,但不至于到重大伤害,每次使用蜡烛时间不可过长。建议可选择用天然蜡材来制作蜡烛,如:大豆蜡、蜂蜡等,有资料显示:蜂蜡能抑制细菌、释放对呼吸道有益的天然抗生素,可参考P.12"蜡材"。若使用非天然蜡材制作蜡烛,建议在通风处使用,可降低受到伤害的风险。

2 怎么把蜡熔化? 直接放在煤气灶上煮可以吗?

除了本书使用电热炉或电磁炉之外,也可使用煤气灶熔蜡,需以隔水加热的方式,避免直接放在煤气灶上煮。隔水加热最高温可能会达到100℃,所以熔蜡时要注意温度过高的状况。

3 要用多大的火力来加热?

若使用可调整温度的小型电热炉,每个品牌对温度的分段定义都不同,在购买后可先详细阅读说明书,了解每段的温度大小后,再开始熔蜡。本书使用的机型,是将温度调节在小火到中火之间。

4 熔蜡是一直加热还是热一下就可以拿起来?

一种方法是:将蜡倒入容器后,放在电热炉上加热,使蜡完全熔化;另一个方法是:待蜡熔化2/3后,静置在旁,以余温将蜡完全熔化,可参考P.29"熔蜡"。

5 蜡烛的香味来源是什么?

除了本身就带有特殊气味的蜂蜡之外,在制作蜡烛时会加入香氛精油,以增加蜡烛的香气。蜡烛的香氛材料分为两大类,化合香精油以及天然植物精油,除了这两种之外,本书也使用了复方天然植物精油,可参考P.21"香氛精油"。

6 点蜡烛的时候,烛芯要怎么使用?

可将烛芯修剪至0.5~1厘米,再点燃烛芯。若是有打结或卷烛芯造型,使用前也先将烛芯修剪至0.5~1厘米,再点燃烛芯。

7 为什么烧过的烛芯会分叉?

蜡烛在燃烧过程中,烛芯会越来越长,呈现分叉状态,或是圆圆的像蘑菇头,因为蜡烛熔点低，消耗得会比烛芯快，也因如此，每次要重新点燃蜡烛前，就需对烛心做适度的修剪，只留下0.5厘米，能避免灰烬掉入蜡内，而使蜡烛燃烧得过快，也可以让蜡烛保持光亮。

8 为什么要一直测量温度？

温度是决定品质和成功与否的要素，以倒入时的容器温度来举例：倒入时的温度过高或过低，将影响蜡液凝固后内部可能产生孔洞、表面可能凹凸不平的状况，而针对不同的蜡材，倒入蜡液的温度也会有所不同，可参考P.12"蜡材"。

9 加香氛精油的蜡烛会对人体有害吗？

蜡烛的香氛材料分为两大类，化合香精油以及天然植物精油。化合香精油是混合两种以上人造物质的合成化合物，可以制作出天然植物精油没有的味道，建议在通风的空间使用。天然植物精油是植物中萃取出来的天然物质，对人体基本上是无害的，可参考P.21"香氛精油"。

10 为什么放入干燥花以后，就跑出气泡了？

因为植物有毛细孔，所以放入蜡液中产生气泡是正常现象，可用镊子或小锥子戳破气泡，若气泡量比较多，可以用热风枪吹破气泡。

11 倒蜡时温度那么高，玻璃容器不会破掉吗？

操作正确的情况下，玻璃容器不会因倒蜡而产生破裂，倒蜡的温度是经过设计的，考虑了容器的耐热度与蜡材倒入的最佳温度，所以在选择容器时要注意其耐热度。

12 倒蜡时温度已经很高了，为什么还要吹热容器？

吹热容器是为了避免因温差而造成蜡烛凝固后表面凹凸不平或孔洞的产生，尤其是冬天时，玻璃容器温度会更低，建议在倒蜡前先吹热容器。

13 有些蜡烛没有容器装载，是怎么做出来的？

可以使用模具来制作不需要容器装载的蜡烛，将蜡熔化，并加入香氛精油及调色后，待温度下降至适宜的温度后，倒入模具中，再等蜡烛冷却凝固，从模具中取出，即可获得不需要容器装载的蜡烛，可参考P.10"什么是香氛精油蜡烛"。

14 很难脱模的时候该如何处理？

可以尝试轻压模具外围，使空气进入模具和蜡烛之间；放入冰箱冷藏10～15分钟；或制作前，在模具喷上脱模剂。

15 蜡烛凝固要多长时间？怎么判断是不是凝固了？

　　根据蜡烛尺寸大小、季节与环境的变化，每种蜡液凝固的时间会有所不同，比如：容器蜡烛一般凝固时间是两三个小时，但因为各种因素的不同，可能需要更长的时间。而判断蜡烛是否凝固的最低指标是，握住模具或容器感觉没有余温，便可进行脱模或其他操作。

16 为什么蜡凝固后，能看到一圈一圈的条纹？

　　这种条纹又可称为温差纹，蜡对温度非常敏感，将蜡倒入容器时，每一刻都会让蜡产生变化，因而产生温差纹，避免方法：将蜡倒入容器或模具时，速度快且一致。

17 为什么蜡液凝固后，外壁有明显的雾状产生？

　　这个状况一般称之为"wet spot（雾状）"，是大豆蜡在凝固收缩后，残留在壁上的蜡。这是容器大豆蜡的特性，尤其是调色后的蜡烛会更为明显。"Wet spot"无法避免也很难控制，有时在市售的蜡烛上也能看到，这也代表蜡烛内应该没添加其它成分。想要避免"wet spot"就需添加其他成分，如：蜂蜡、石蜡、收缩剂、防止剂等，如果要制作纯大豆蜡容器蜡烛，建议选择不透明容器。

18 熔太多蜡，没有用完怎么办？

　　剩下没用完的蜡可以倒入纸杯内保存，未来继续使用。或平常准备一些造型小模具，将剩余没用完的蜡，制作成造型用的点缀蜡。

19 不想使用的时候，要怎么熄灭蜡烛？吹灭吗？

　　建议使用专门的熄烛工具，如：灭烛罩、蜡烛盖等，不建议用嘴吹熄蜡烛，可能会产生烟雾及不好的气味。

20 蜡液凝固以后，表面凹凸不平，还有洞怎么办？

　　加入香精油等油类的容器蜡烛，若没有搅拌均匀，凝固后表面容易呈现不平整的状况或在蜡烛内部因产生空隙而不断冒泡，导致蜡烛表面形成凝固的气泡。用肉眼较难判断蜡液与油类是否已搅拌均匀，尤其是制作大容量的容器蜡烛时，建议可以另外准备一个容器，将两个容器来回交互倒入。可参考P.32"蜡液加香氛精油"。

　　蜡烛待干区的环境也会影响表面是否平整，冷气、风扇的风力不可过强。

入模的温度是凝固后产生孔洞的关键，每一种蜡都有温度上的限制，过高或过低都有可能产生孔洞。倒蜡前可使用热风枪将容器或模具里外都稍微吹热，以减少温度差异所产生的凹陷，可参考P.12"蜡材"。

21 用过却还没用完的蜡烛要怎么处理？

将蜡烛熄灭后，建议静置在旁冷却一下，再将烛芯调整成原来的高度，并将烧黑的部分剪掉，保留约1厘米的长度，方便再次使用，且在半年内使用完毕。

22 蜡烛有保存期限吗？

蜡烛的保存期限根据蜡材以及加入的材料有所不同。如：大豆蜡在避免光线照射的保存状况下，有效期为三年，若加入了天然植物香氛精油，最佳使用期限是六个月。建议可将蜡烛盖上烛盖后，放置在阴凉处保存，若变质就停止使用。

23 蜡烛放太久，上面出现灰尘怎么办？

若蜡烛上的灰尘不多，直接以干布轻轻擦拭即可，若累积了较多灰尘，可以将化妆棉蘸取酒精后，轻轻擦拭蜡烛表面去除灰尘，或以黏性较弱的胶带为辅助工具，粘除蜡烛上的灰尘。

24 除了温度枪，还可以用什么测量温度？

可以使用温度计测量。温度计的种类多样，如：水银、电子枪、探针等。需注意的是，水银温度计容易破碎且污染环境，若温度过高也容易损毁。建议使用不锈钢探针或电子枪，探针准确度高，也容易清理。若使用电子枪，建议选购高品质的品牌，正确操作使用就能精准测量温度。本书使用电子温度枪进行制作，能够快速且精准地测量温度。

图书在版编目（CIP）数据

手作香氛蜡烛 / 接以辰著. —北京：中国轻工业出
版社，2021.1

ISBN 978-7-5184-3246-2

Ⅰ.①手… Ⅱ.①接… Ⅲ.①蜡烛 – 手工艺品 – 制
作 Ⅳ.① TS973.5

中国版本图书馆 CIP 数据核字（2020）第 205985 号

责任编辑：王晓琛　　责任终审：劳国强　　整体设计：锋尚设计
责任校对：晋　洁　　责任监印：张京华

出版发行：中国轻工业出版社（北京东长安街6号，邮编：100740）
印　　刷：北京博海升彩色印刷有限公司
经　　销：各地新华书店
版　　次：2021年1月第1版第1次印刷
开　　本：710×1000　1/16　印张：12
字　　数：200千字
书　　号：ISBN 978-7-5184-3246-2　定价：68.00元
邮购电话：010-65241695
发行电话：010-85119835　传真：85113293
网　　址：http://www.chlip.com.cn
Email：club@chlip.com.cn
如发现图书残缺请与我社邮购联系调换
200437S5X101ZYW